数字媒体艺术创新力丛书

Digital Media Artistic Innovation Series

宗诚 丛书主编

数字视频编辑与制作

Digital Video Editing And Production

付彬彬 丁男 主编 陈路阳 张赫轩 副主编

化学工业出版社

·北京·

内容简介

本书以培养现代数字视频制作人员为目标，结合数字视频发展的现实情况，全面阐述了数字视频作品创作的流程，包括数字视频作品的策划、拍摄到后期剪辑、输出数字视频作品、网络运营等。本书结合数字视频作品案例，以精练的理论与实例结合的方法，深入浅出地介绍了视频制作的创作要点。本书引导读者树立数字视频制作的编导思维，既掌握数字视频制作的技术，也了解不同类型数字视频的特点，从而能自如地运用视听语言进行数字视频创作。

本书适合作为数字媒体艺术、数字视频制作、影视制作等相关专业的教材，也可供数字视频制作爱好者阅读使用。

图书在版编目（CIP）数据

数字视频编辑与制作 / 付彬彬，丁男主编 ；陈路阳，张赫轩副主编．-- 北京 ：化学工业出版社，2024. 10.（数字媒体艺术创新力丛书 / 宗诚主编）. -- ISBN 978-7-122-46273-2

Ⅰ. TN94

中国国家版本馆 CIP 数据核字第 2024NL0059 号

责任编辑：徐　娟　　　　装帧设计：付彬彬
责任校对：宋　夏　　　　封面设计：朱昕棣

出版发行：化学工业出版社（北京市东城区青年湖南街 13 号　邮政编码 100011）
印　　装：中煤（北京）印务有限公司
710mm×1000mm　1/16　印张 10　字数 200 千字　　2025 年 1 月北京第 1 版第 1 次印刷

购书咨询：010-64518888　　售后服务：010-64518899
网　　址：http：//www.cip.com.cn
凡购买本书，如有缺损质量问题，本社销售中心负责调换。

定　　价：68.00 元

丛书序

进入 21 世纪，科学技术领域推陈出新的速度更加迅速，新科技、新技术、新领域、新方法不断地被应用于生产、生活中。新的科学技术加速了信息传播的速度，改变了信息传播的载体，更新了信息传播的形式，同时也改变了人们的生活方式、阅读习惯等。数字媒体艺术专业在这样的时代背景下应运而生，其为艺术设计领域的新兴专业，研究领域涵盖了设计、艺术、科技等领域，适应时代趋势下科技与艺术结合的人才培养方向。

在互联网技术迅速发展的大环境下，有科学技术的支持，数字媒体艺术有了更大的发展空间。数字媒体艺术创新力丛书的宗旨是在数字媒体艺术日趋繁荣的市场背景下，培养适应市场经济需求和科学技术发展需要、能从事数字媒体艺术与设计行业的相关人才。本丛书此批共包括 6 个分册，分别为《新媒体动态设计》《用户体验设计》《数码摄影与后期》《增强现实技术与设计》《数字视频编辑与制作》《数字图像编辑》。这些书着眼于新媒体设计领域，基于各种数字、信息技术的运用，引导读者创作出具有时代特色、重创意的艺术作品。为更好地表达动态有声案例，本丛书配备相关的数字资源，共享于网络中，以更全面、更直观地展示设计案例，请读者自行下载获取。

数字媒体艺术为新兴的专业方向，时代的发展需求和科学技术的不断革新，对数字媒体艺术专业不断提出新的要求，因此，创新是唯一出路。本丛书从数字媒体艺术专业领域着手，本着“四新”的原则进行策划与编写，即创新教学观念、革新教学体系、更新教学模式、刷新教学内容。本丛书从基础到进阶、从概念到案例、从理论到实践，深入浅出地呈现了数字媒体艺术相关方向的知识。丛书的编者们将自己多年来教学经验进行梳理和编撰，跟随时代的步伐分析和解读案例，使读者思考设计、理解设计、完成设计、做好设计。本丛书的编者主要来自鲁迅美术学院、吉林艺术学院、辽宁师范大学、大连工业大学、沈阳理工大学、辽东学院、塔里木大学、苏州城市学院、苏州大学、常州大学等院校，既是一线的教育工作者，又是科研型的研究人员。编者在完成日常教学和科研工作的同时，又将自己的教学成果编撰成书实属不易，感谢读者朋友们选择本丛书进行学习，如有意见和建议，敬请指正批评！

宗诚

2024 年 3 月

前言

影像时代的到来，移动互联网技术和数字视频制作技术的发展，给数字视频的制作带来机遇与挑战。一方面，观看视频的观众数量不断增多，观看视频的时长不断增加；另一方面，越来越多的人自发地创作数字视频，创作技术门槛不断降低，似乎数字视频制作是一件很简单的事情，人人都可以创作数字视频。数字视频制作是一块巨大的市场蛋糕，但要在竞争中脱颖而出，分一块蛋糕，需要认真学习数字视频制作的理论和方法，不但要掌握数字视频制作的基础理论和技能，还要向优秀的作品学习，了解经典和成功的数字视频作品案例，学以致用，理论结合实际，不断在实践中成长。

全书共有五章。第一章为数字视频概述，主要介绍数字视频形态、创作流程和发展趋势。第二章为数字视频制作的前期策划工作，对不同类型的数字视频策划分别加以介绍。第三章为数字视频制作的拍摄工作，主要介绍拍摄中视听语言的实例和场面调度的运用。第四章为数字视频制作的后期剪辑工作，主要介绍剪辑的基本技巧和要点，结合实例帮助读者提升实战能力。第五章为数字视频发布与运营，主要介绍数字视频作品上传到视频平台所应遵守的基本规则，以及如何推广、经营自己的数字视频作品。本书立足于数字视频制作的基本操作理论介绍、技能讲解和实际数字视频创作能力的培养，以实践案例的全面解读作为学习方法，既适合零基础入门的非专业读者，也适合数字视频制作相关专业师生阅读使用。

本书由付彬彬、丁男主编，陈路阳、张赫轩副主编，参加编写的还有田甜、温晓镭、刘帅、宋铭涵、刘雨桐、张仁和。成书不易，感谢宗诚老师的支持与帮助，感谢编辑的辛劳工作！本书参考了一些国内外专家的论述和经典影视作品画面，在此向这些专家和创作者们致以谢意！最后向提供创作实例的李莹茵、戴佳琦、赵子轩、孙佳宁、佟佳航、李可昕等人表示感谢。

本书尽量做到理论与实践相结合，但由于编者知识水平尚浅加上编写时间有限，书中难免有疏漏之处，恳请广大读者批评指正。

付彬彬

2024 年 3 月

目录

随书附赠资源，请访问 https://www.cip.com.cn/Service/Download 下载。在如图所示位置，输入“46273”点击“搜索资源”即可进入下载页面。

资源下载

46273　搜索资源

第一章 数字视频概述

INTRODUCTION
OF DIGITAL VIDEO

第一节 数字视频的基本形态

随着数字技术的飞速发展，视频制作的技术门槛不断降低，大众可以拿出手机拍摄一段视频与亲朋好友分享，观看视频、随手拍摄视频已经成为大众日常生活的一部分。视频创作日常化、人工智能（AI）介入视频创作，视频创作看似十分简单，但对于数字视频制作的从业者，却是前所未有的挑战。面对纷繁复杂的局面，视频创作者需要牢固掌握视频创作基础知识，掌握创作方法，树立个人艺术风格，创作出优秀的视频作品。

数字视频种类丰富，样式繁多，依据不同的标准，可以分为不同形态。我们可以从数字视频的时长、数字视频的创作方式、数字视频的内容角度来了解数字视频的基本形态。

一、数字长视频与短视频

根据数字视频的时长，数字视频分为长视频与短视频。

长视频一般指的是那些时长超过半个小时，甚至可以达到数个小时的数字视频，通常包括电影、电视剧、纪录片、综艺节目等，主要由专业影视公司制作。长视频以其丰富的剧情、深入的人物剖析、精致的制作赢得观众的喜爱。由于时长相对较长，观众在观看长视频时需要花费更多的时间和精力。此外，长视频的制作成本相对较高，需要投入大量的人力、物力和财力。

短视频以其时长短、观看碎片化的特点赢得了广泛的用户群体。短视频的时长通常在几十秒到几分钟之间，内容简洁明了，易于理解和接受。短视频的应用场景十分广泛，观众可以随时随地观看。短视频的制作成本相对较低，非专业人士也可以轻松上手，创作出精彩、有趣的视频内容。由于时长限制，短视频往往难以展现复杂的故事情节和深入的思考。短视频为了追求点击率和关注度，内容新、制作快，但过于紧随热点导致短视频的质量参差不齐。

长视频可以借鉴短视频的形式，选取长视频中精彩段落、情节点做成短视频传播；短视频也可以借鉴长视频的深度和内涵，提升内容的质量和价值。

长视频、短视频表面看来只是时长的差异，但是创作方法、应用场景、传播领域都存在较大差别，二者相互补充构成了多姿多彩的视频世界。

二、数字虚构节目与非虚构节目

根据数字视频的创作方式，数字视频节目主要分为虚构节目与非虚构节目两种类型。

虚构与非虚构节目在制作手法、节目形式、观众接受心理等方面都有明显的区别。

虚构节目通常指的是影视剧、动画片等，以编剧的创意和想象为基础，通过导演、演员等创作人员共同创作展现一个虚构的故事世界。

非虚构节目更多地依赖于现实生活中的真实事件和人物，如纪录片、访谈节目、新闻报道、真人秀节目等，以真实人物、事件为基础，通过镜头记录和讲述现实的故事。

虚构节目通过画面和声音的有机结合，创造出丰富多样的视觉和听觉效果，以丰富的想象力和创新的叙事手法吸引着观众。虚构节目通过精心设计的剧本、巧妙的剪辑和精湛的演技，生动地展现故事情节和人物形象，是一种极富感染力和吸引力的艺术产品。

非虚构节目则以真实性和事件深度吸引着观众。其通过真实的影像资料，将真实的故事以富有感染力的方式呈现给观众，触动人们的心灵，引发深刻的思考。在访谈节目中，观众可以听到各行各业的人分享他们的经验和见解，了解他们的成功之路和人生感悟。新闻报道让观众及时了解到世界各地的新闻事件和社会动态，引起观众对社会问题的关注。

当然，虚构节目和非虚构节目并不是完全独立的，它们之间也存在着相互借鉴和融合。一些虚构节目会引入非虚构元素，通过真实事件和人物的改编来增强剧情的真实感和可信度。而非虚构节目也会借鉴虚构节目的叙事手法和视觉效果，以更加生动和有趣的方式呈现真实故事。

在创作虚构节目时，要考虑主题、情节设计、角色设定、对话编写等，其中的情节设计至关重要。在非虚构节目中，真实性是节目的魅力，但也要考虑使用多种创作手法增强视频的可视性和吸引力。

三、数字视频节目分类

根据数字视频表现的内容不同，可以将数字视频节目细分为多个类别。常见的数字视频节目分为新闻资讯类、综艺娱乐类、影视剧类、科学教育类、生活服务类等。

1. 新闻资讯类

新闻资讯类节目以报道国内外新闻事件、政治局势、社会动态为主要内容，旨在向观众提供及时、准确的信息。新闻资讯类节目通常包括新闻直播、新闻播报、新闻评论等形式。

2. 综艺娱乐类

综艺娱乐类节目以轻松、幽默的方式呈现，旨在带给观众欢乐和放松。这类节目包括真人秀、综艺节目、晚会等，涵盖了歌唱、舞蹈、游戏、竞技等多种元素，深受观众的关注和喜爱。

3. 影视剧类

影视剧类节目是视频平台的重要组成部分，包括电影、电视剧、网剧等。这类节目通过讲述故事、塑造人物、展现情感等方式，为观众提供丰富的视听体验，满足了人们对艺术欣赏的需求。

4. 科学教育类

科学教育类节目旨在传授知识和技能，提高观众的文化素质，包括纪录片、科普片、讲座等，涵盖了历史、文化、科学、艺术等多个领域，为观众提供宝贵的学习资源。

5. 生活服务类

生活服务类节目以提供实用信息、解决生活问题为主要内容，如美食节目、旅游节目、家居节目等，通过介绍生活技巧、分享生活经验，帮助观众提高生活质量，满足人们对生活品质的追求。

除了以上几种常见的类型外，数字视频节目还包括体育竞技类、动漫卡通类、少儿教育类等多种类型。此外，根据数字视频节目播出的方式，可以分为录制节目和直播节目。录制节目经过后期剪辑，情节紧凑，观看体验效果好。直播节目需前期反复排练，以应对复杂、紧急情况。直播节目以真实性、临场感取胜。

总之，数字视频呈现的样式多样，形态各异（图 1-1）。数字视频的制作者需要选取一种类型的视频形式深入研究，以认真严谨的工作态度，不断提升自己的创作能力。

图 1-1　种类繁多的数字视频

第二节 数字视频创作基础和流程

数字视频创作是一项系统性工程，需要大量专业人员共同分工协作完成，也需要数字化专业设备制作高质量的数字视频。

一、创作人员组成

数字视频创作人员除了包括传统影视产业的人员外，还增加了许多新的专业人员，大体可以分为制片人、编剧、导演、演员、摄像师、剪辑师、音频工程师、视频工程师、灯光师、视觉特效师、场记、美工师、化妆师和道具师等。

1. 制片人

制片人（producer）是视频作品的制作人、管理者。制片人负责管理、监督和协调创作的全过程，包括前期筹划、剧本统筹、前期拍摄、后期制作、作品发行、申报参奖等一系列活动。制片人还负责管理财务，聘用、组建制作队伍，审核资金账务，并协调与投资方、发行方的关系等。

2. 编剧、导演和演员

（1）编剧。编剧 (screenwriter) 是剧本的创作者，以文字形式完成整个节目的策划。编剧按照具体工作还可以细化为原创编剧、改编编剧，以及电影编剧、电视剧编剧、电视综艺编剧、网络影视编剧等不同类型。

（2）导演。导演 (director) 是各类数字视频作品创作的组织者和领导者，是领导、组织剧组中所有的创作人员，将作品艺术构思转变为具体视听形象的总负责人。导演的具体工作包括编写分镜头剧本、搜集素材、选择演员、组织拍摄以及指导后期编辑等。导演能够决定作品的整体质量、艺术风格和呈现效果。依据影视作品类型，还能将导演细化为电影导演、电视剧导演、网络剧导演、纪录片导演、专题片导演、综艺节目导演、栏目现场导演以及各类助理导演等。

在数字视频节目制作中，既要负责编写节目文案又要负责导演工作的职位往往简称为编导。

（3）演员。演员（actor）在镜头前扮演各种角色，依靠自身的行动、表情和声音来塑造形象，完成作品。演员的魅力在于演员自身的演技水平，同时，他们也需要与导演、制片人、摄影师等其他工作人员密切合作，共同完成一部优秀的作品。

3. 摄像师和剪辑师

（1）摄像师。摄像师 (cameraman) 负责操作摄像设备，通常依据分镜头剧本进行镜头的拍摄；纪录片、新闻片和专题片的摄像师一般会根据拍摄计划和现场情况进行拍摄；体育、综艺等现场节目的摄像师一般会有相对固定的拍摄机位，并根据导播的现场指挥进行实时拍摄。

（2）剪辑师。剪辑师 (editor) 需要在前期拍摄完成后，按照导演的艺术创作需求和分镜头剧本内容，对拍摄的镜头进行编辑。优秀的剪辑能够起到作品再创作的重要作用。

4. 音频工程师和视频工程师

（1）音频工程师。音频工程师 (audio engineer) 通过数字音频技术，对视频作品的声音进行录制、调整、混音、配乐、特效、合成、输出等工作。音频工程师不仅需要具备深厚的音频知识和音乐素养，还要熟练掌握各种数字化的音频处理方法。

（2）视频工程师。视频工程师 (video engineer) 负责监控各个信号源的图像亮度和色彩，同时检测视频设备输出信号的技术指标，并对它们进行必要的调整。

5. 灯光师和视觉特效师

（1）灯光师。灯光师 (lighting technician) 又称为照明师，负责作品拍摄过程中的灯光设计、灯具调整，以创作出符合要求的各种灯光效果。数字调光设备使灯光师的工作愈加高效、快捷。

（2）视觉特效师。视觉特效师 (visual effects supervisor) 主要通过数字化的视频特效合成技术，按照导演的要求创作各类视觉特效。

6. 场记

场记 (script supervisor) 负责在拍摄现场对每个镜头的拍摄情况进行记录。记录的内容包括镜头号码、拍摄方法、镜头长度、人物的动作与对白、音响效果、布景、道具、服装、化妆等各方面的细节和数据。场记的工作非常重要，能够为后期编辑、配音等环节提供数据。

7. 美工师、化妆师和道具师

（1）美工师。美工师 (art director) 负责统筹安排布景、道具、服饰、化妆等内容，是控制画面艺术效果呈现的重要人员。数字美工师能够通过数字技术进行虚拟画面的布景和建模，统筹整体视觉特效的画面效果。

（2）道具师。道具师 (props master) 负责根据美工师的要求制作布景和道具，也能利用数字技术创建布景和道具。

（3）化妆师。化妆师 (make-up artist) 负责演艺人员的化妆造型。

除此之外，数字视频创作还需要很多专业人员参与，如录像师、烟火师、剧务、知识顾问、剧照等。短视频创作团队最少由 1~3 人组成，每个人身兼数职。

二、创作设备

1. 视频设备

（1）数字摄像机。数字摄像机是能够将真实场景转换为数字图像信号的摄像设备（图 1-2~ 图 1-4）。目前数字摄像机所拍摄的高清晰度画面，其分辨率和画面细腻程度已能够达到胶片电影标准。

（2）单反相机。单反相机具有数字摄像功能，很多创作者也选择使用单反相机来拍摄视频（图 1-5）。

（3）数字图形工作站。数字图形工作站是专门进行数字图形、图像与视频创作的计算机工作站。数字图形工作站能够根据具体要求创作出各类数字影视画面。数字图形工作站的具体工作包括非线性编辑系统、图片处理、虚拟场景建模、三维动画创作、视频特效合成、动画渲染等。数字图形工作站已成为数字影视后期制作中的核心设备。

图 1-2 4K 高画质摄像机

图 1-3 全画幅高清摄像机

图 1-4 4K 专业级摄像机

图 1-5 单反相机

（4）摄像辅助设备。摄像辅助设备包括灯光（图 1–6）、三脚架（图 1–7）、稳定器（图 1–8）、摇臂（图 1–9）、无人机（图 1–10）等。

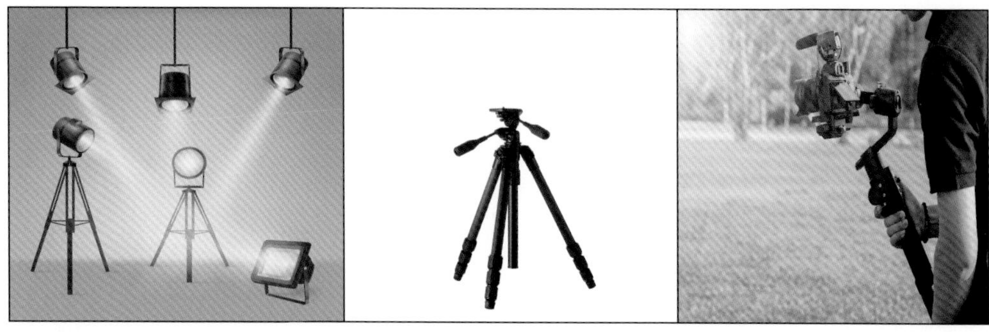

图 1–6　灯光　　图 1–7　三脚架　　图 1–8　稳定器

图 1–9　摇臂　　图 1–10　无人机

2. 音频设备

（1）话筒。好的话筒能够捕捉到清晰、纯净的声音，每种类型的话筒都有其独特的特点和适用场景。动圈话筒对噪声的抑制能力较强，通常适用于现场实况的录音（图 1–11）；电容话筒能够捕捉到更为细腻的声音细节，更适合在录音室中使用（图 1–12）；便携夹式无线麦克风适合外出、采访场景使用（图 1–13）。

图 1–11　动圈话筒

图 1–12　电容话筒

图 1–13　便携夹式无线麦克风

（2）数字音频工作站。数字音频工作站是随着数字技术发展起来的，集录音机、调音台、计算机、效果器等多种音频设备于一体的数字化音频系统（图 1-14）。数字音频工作站能够将多种音频信号进行数字化编辑、特技处理与合成输出。数字音频工作站主要由计算机、音频处理接口和功能软件组成。

（3）录音辅助设备。录音辅助设备包括话筒支架（图 1-15）、话筒防风筒（图 1-16）。

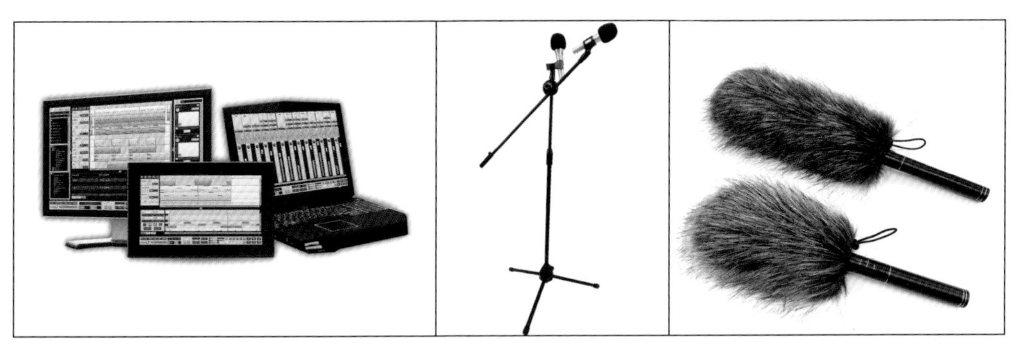

图 1-14　数字音频工作站　　图 1-15　话筒支架　　图 1-16　话筒防风筒

手机几乎集成了以上视频和音频所有创作设备的功能，并且体积小、重量轻、方便易携，成为许多短视频博主创作的首选设备。

3. 摄影棚和演播室

（1）摄影棚。摄影棚能为创作者提供稳定、可控的拍摄环境，具备完善的灯光系统、音响设备以及绿幕等设施，能满足不同拍摄需求（图 1-17）。摄影棚的设计可以根据拍摄内容的不同而有所调整，如搭建古装戏所需的宫殿、街市等场景，或是搭建现代戏的办公室、家庭等环境。

图 1-17　摄影棚

（2）演播室。演播室用于新闻、综艺、访谈等节目的录制和直播（图 1-18）。演播室除必要的灯光和音响设备外，还会配备专业的摄像机和切换台，由导播操控，以确保节目的顺利录制和直播。依据节目不同，需要对演播室进行设计，符合节目效果要求。

图 1-18　演播室

三、数字视频技术标准

为了确保数字视频的观看质量、播放兼容性和软件互操作性，我们需要了解数字视频技术标准。数字视频技术标准通常包括分辨率、帧率、视频编码标准、视频文件格式标准、视频传输标准等。

1. 分辨率和帧率

（1）分辨率。分辨率是指视频图像在水平和垂直方向上的像素数量，通常以像素为单位表示，如 1920×1080、3840×2160 等。分辨率越高，视频图像就越清晰，细节表现能力越强，画幅能做到更大（图 1-19）。高清（HD）分辨率最早指 720P（1280×720）和 1080P（1920×1080），随着技术的进步，更高分辨率的视频格式，如 4K（3840×2160）和 8K（7680×4320）已经逐渐开始应用。

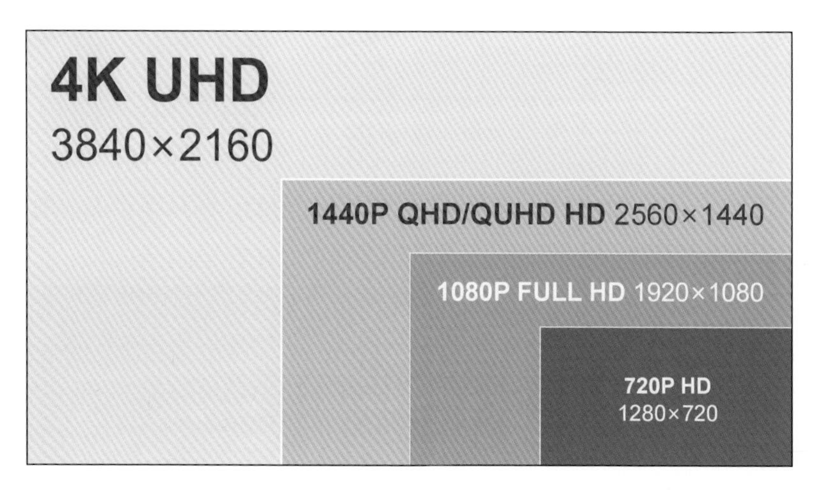

图 1-19　画面分辨率对比图

（2）帧率。帧率是指视频每秒播放的图像数量，通常以帧 / 秒（fps）为单位表示。帧率越高，视频图像就越流畅，动态场景的表现能力就越强。早期的电影和电视应用的是每秒 24 帧画面的技术标准，而对于运动视频和游戏直播，更高的帧率如 60fps 或 120fps，能更好地展示画面动态场景，减少模糊和拖影。

在视频拍摄时，首先需要设定拍摄的分辨率和帧率（图 1-20、图 1-21）。根据数字视频的应用场景，选择合适的分辨率和帧率。越高的分辨率和帧率能够呈现出越好的画面效果和流畅度，但较高的分辨率和帧率的数字视频需要存储空间支持。一般可以选择 1080HD/30fps 或者 4K/30fps 进行拍摄。如果后期想制作慢镜头效果，可以采用 60fps 或 120fps 拍摄，当 60fps 或 120fps 拍摄的画面以 30fps 的速度播放时，就形成了慢镜头的效果。

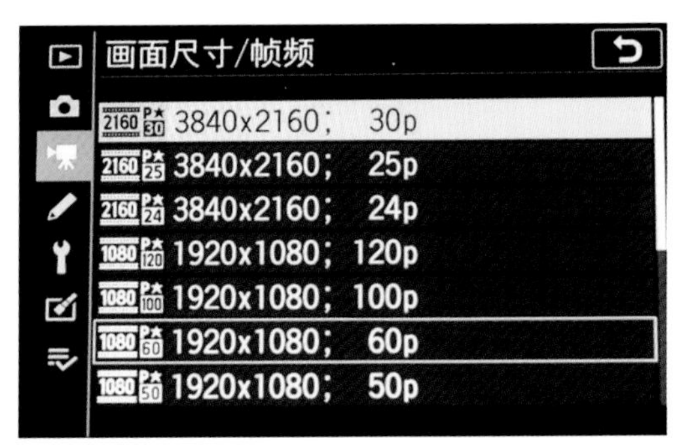

图 1-20 单反相机设定录制分辨率和帧率

图 1-21 手机设定录制分辨率和帧率

2. 视频编码标准

视频编码标准决定了数字视频数据的压缩方式、存储格式和解码方式。较流行的视频编码标准包括 H.264、H.265（HEVC）和 AVI 等。这些视频编码标准在压缩效率、图像质量和兼容性等方面都有着较高的表现，能够满足不同场景下的数字视频应用需求。

3. 视频文件格式标准

常见的视频文件格式包括 MP4、AVI、MKV、FLV 等。这些视频格式具有不同的特点和应用场景，例如 MP4 格式广泛用于互联网视频传输和移动设备视频播放，而 MKV 格式则支持多音轨、多字幕等特性，适合用于高清电影等多媒体内容的存储和播放。

4. 视频传输标准

随着网络技术的不断发展，数字视频的传输已经成为人们生活中不可或缺的一部分。常见的视频传输标准协议包括 RTSP、RTMP、HLS 等。这些协议能够满足不同场景下的数字视频传输需求，保证视频传输的流畅性和稳定性。

四、数字视频创作流程

数字视频创作是一项融合技术与艺术的创造性工作。一般来说，长视频的创作过程比短视频更加复杂，人员、经费更多，生产周期相对更长。但从创作流程来说，长视频和短视频都可以分为前期策划、中期拍摄、后期编辑制作三个工作阶段（图 1-22）。每个阶段的工作都十分重要，需要做到严谨设计、精准执行。

1. 前期策划阶段

策划是数字视频创作的第一个阶段，也是最重要的阶段，好的策划意味着项目成功了一半。策划是创意思维过程，这一过程主要是对视频作品项目的构思和建立，需要把握住创作的内涵，作品的立意、内容，也需要对作品的资金来源、人员、器材等制作所需条件进行规划。

图 1-22　数字视频创作流程

（1）策划视频内容是视频创作的核心，包括搜集视频创作素材、形成视频创意、写作视频文案、拟订拍摄剧本等。

（2）完成拍摄方案，拟订拍摄计划，完成拍摄准备工作。

2. 中期拍摄阶段

中期拍摄阶段是执行策划方案的具体阶段。不同类型的视频作品有着不同的拍摄要求，中期拍摄流程可以分为五个阶段。

（1）明确工作职责。拍摄前导演应将所有参与制作的工作人员集中开会，明确每一个人的工作职责。

（2）拍摄现场准备。检查拍摄现场，检查布景、道具，确保各种录制设备工作正常。

（3）彩排。在正式拍摄前让演员提前走位，摄像机开机预拍，工作人员相互协作，确保正式录制成功进行。

（4）正式拍摄录制。所有工作人员按照既定流程完成拍摄。

（5）补拍。如果正式拍摄录制过程缺少镜头，可以在后期进行补拍。

3. 后期编辑制作阶段

数字视频的后期编辑采用非线性编辑方式，创作者可以根据自己的创作习惯、作品创作要求而采用相应的数字后期编辑软件。后期编辑制作阶段主要是将拍摄的素材进行剪辑，经过粗剪、精剪，再配上解说词或者对话、音乐、音效等声音，添加视频特效、音频特效，最终合成输出一部完整的数字视频作品。

数字视频创作流程虽然分为三个阶段，但三个阶段不一定要严格按照时间分期继续进行，后期中的视频特效部分有时可以在策划阶段提前完成，例如数字虚拟镜头、数字虚拟场景，以便于指导拍摄。视频特效也可以在中期拍摄时同步完成，以节省制作的整体时间。

第三节 数字视频发展趋势

随着手机的快速发展，人们可以随时随地观看视频，数字视频已经成为大众日常生活中不可或缺的一部分。从最初的简单影像记录，到现在的 4K、8K 超高清视频，数字视频技术不断推动着影视、娱乐、教育、医疗等领域的革新。基于 AI、5G+ 和数字技术的发展，新的艺术思潮不断涌现，对数字视频未来的发展提出机遇与挑战。

首先，AI 将在数字视频的创作过程中扮演越来越重要的角色。AI 可以用于视频内容的智能分类、推荐、检索等，使得用户可以更加便捷地获取所需的视频信息。AI 能够帮助艺术家自动生成视频素材，还可以根据观众的情感反馈进行智能调整，使视频内容更加符合观众的喜好。此外，AI 还可以通过深度学习和大数据分析，为艺术家提供创作灵感，推动艺术形式的不断创新。

其次，从技术层面来看，数字视频将会继续向更高清、更真实的方向发展。高速、低延迟的 5G+ 网络将使数字视频在全球范围内实现无缝传播，打破地域限制，让更多观众能够欣赏到多样化的艺术作品。虚拟现实（VR）和增强现实（AR）技术的发展也将为数字视频带来更多的沉浸式体验。

再次，数字技术的持续发展将为数字视频提供更高的创作自由度和更广阔的展示空间。随着计算机视觉、图像识别等技术的不断突破，数字视频将能够呈现出更加逼真的画面效果和更加丰富的表现形式。此外，随着可穿戴设备、智能家居等物联网设备的普及，数字视频还将更深入地融入人们的日常生活，成为美化生活的重要元素之一。

最后，随着全球互联网的普及和发展，数字视频将成为国际文化交流与传播的重要载体。各国之间的影视作品、综艺节目、教育资源等将通过数字视频平台进行传播，促进不同文化之间的交流与融合。这将有助于增进国际间的相互了解和友谊，推动全球文化的繁荣与发展。

基于 AI、5G+ 和数字技术的推动，数字视频未来的发展趋势将呈现出多元化、智能化、互动化和生活化的特点。这不仅为艺术家提供了广阔的创作空间，也为观众带来更加丰富、多样的艺术体验。

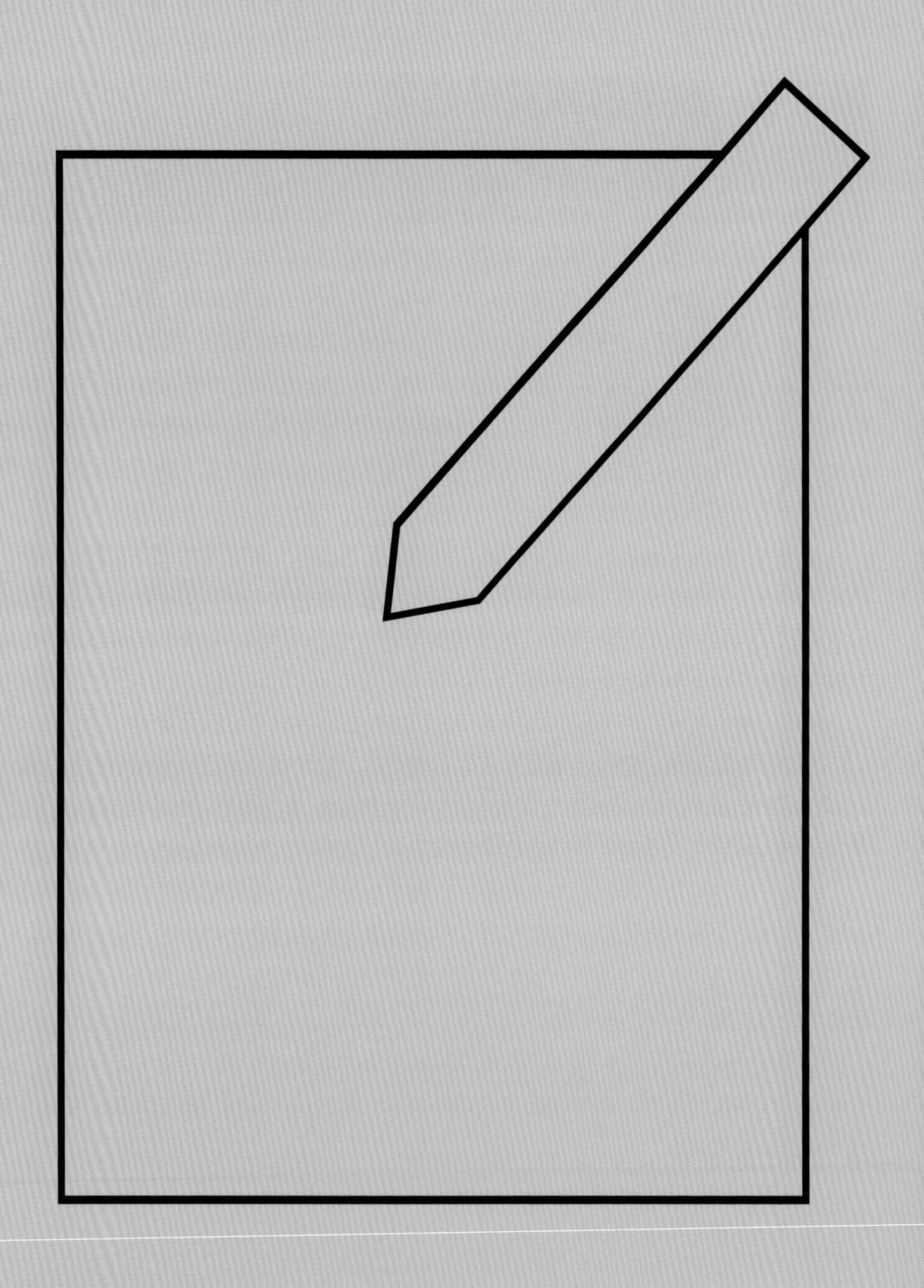

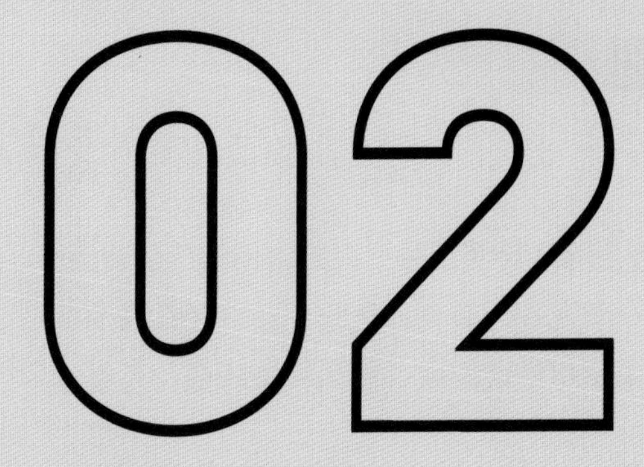

第二章
数字视频编辑与制作前期：策划

PLANNING

DIGITAL VIDEO EDITING AND PRE-PRODUCTION

第一节　数字视频策划原则

一、像导演一样思考

在创作数字视频时，我们要学会像导演一样思考。导演是数字视频创作的总负责人，是工作的领导者，也是艺术创作的核心人物。一部视频没有创作之前，它已经在导演的脑海中存在了。导演要做的事情就是将他的艺术设想变成现实，成为视频作品，与受众交流。

1. 导演工作

导演需要考虑到创作、拍摄视频方方面面的工作，具体包括以下内容。

（1）组织策划创意工作人员分析研究资料，创建选题。

（2）确定好制作项目后，分析选题，从导演工作的角度出发，写作导演阐述，向工作人员布置具体工作。

（3）在拍摄之前完成故事板创作、分镜头脚本创作，工作人员按照导演给出的分镜头开始拍摄工作。

（4）在拍摄时，导演指导服装、化妆、道具等工作，指导现场拍摄、声音收录，制作音乐、音效及后期剪辑、视频特效制作。

（5）输出成片，参与作品发行工作，接收市场反馈，为下部作品做好准备。

2. 导演阐述

导演阐述是导演对未来视频成片描绘的蓝图，是导演创作意图和完整构思的说明，也是导演提出的纲领性的整体设计。

导演阐述的主要内容如下。

（1）导演个人对剧本的立意、主题思想、时代背景等方面的理解阐释。

（2）导演对剧中人物形象的主要分析心得。

（3）导演对剧中主要矛盾冲突的理解与把握。

（4）导演对影片风格、样式的定位。

（5）导演对故事整体节奏的处理。

（6）导演对表演、摄影摄像、美术、化妆、服装、道具、视频特效等创作的构想和造型设计的要求。

（7）导演对音乐、作曲、录音、剪辑、特效等各创作部门的工作要求。

（8）导演对剧中需要运用特技处理的部分提出要求，以便指导影视特效部门处理特效。

导演阐述应该具有个人风格，不拘泥语言风格，可以做口语化、个性化的表达，应将涉及的所有工作部门的工作一一做出总体方向性的指导，组织所有工作人员协同开展工作。张艺谋导演的电影《红高粱》（1988）导演阐述（节选）如下。

所谓阐述，是写一个未来影片的大框架和走向，让人了解这部电影是怎么回事。每个导演上戏，好像都要写，也算老规矩了。全国每年这么多人拍戏，七七八八的阐述加起来，恐怕能出一套大部头的书。其实你来我往的，都是写些陈话转圈圈。电影还是要去看，怎么可以写得出来？写得好拍不好也是白写。既然头里有这么个规矩，我这头一部戏不好随便破坏，我想可以写得简单点，让人明白就行了。

这部电影的风格，大体上算个传说。

男女间的爱情故事，自古至今，各式各样的都不新鲜了。这个片子，还是这个老题。古人讲：饮食男女，人之大欲。可见这男女情感上的悲悲欢欢，观众还是爱看。青杀口的高粱地里，“我爷爷”“我奶奶”他们相亲相爱，摧枯拉朽，活得也是热火朝天十风五雨的。所以这电影的主要意思，是要把这份情意和热烈透出来的。

日本人欺负中国人，是几十年前的事了，今天大家都和和气气地讲一衣带水。中国历史上遭旁人欺负不是一回了，至今还遗有残症，因此国家要强大。这部电影里平行着一个“打日本”的背景，是说这庄稼人，平日自在惯了，不愿被人欺负，因为咽不下这口气，便去拼命。

现在过日子，每日里长长短短，恐怕还是要争这口气，这样国力才能强盛不衰，民性也便激扬发展。人靠精神树靠皮，要说这片子的现实意义，这也是一层。

传奇色彩可以使这个电影好看，一人传虚，万人传实，有些奇奇怪怪的具体事，大家也坐得住。

全片的结构，是拉开一个讲故事的架势，取一个顺畅。

对各位的工作，照例要一一关照几句。大家都是明白人，点到即可。

摄影：

既然是讲人的故事，理应首先把人拍好。现时大家也都清楚这意思：拍好不是拍得漂亮，是总体上需要的劲头和味道。

高粱恐怕不大好拍，要多想点办法。庄稼种得早，现在长成什么模样还不清楚，再加上财力有限，只种了几十亩，只有量体裁衣了，衣裳如果可身，倒不难看。

美术：

说的是五十多年前的事情，服、化、道都得让人觉着像。

有时候，有些东西又可以变一下，比如喝烧酒的海碗，比一般的碗大了许多……

陈凯歌写作的导演阐述充满激情，用诗意的语言描绘对电影的理解，这也成为他个人的导演风格。陈凯歌导演的电影《黄土地》（1984）导演阐述（节选）如下。

一、今年元月，我和摄影师、美术师一起为酝酿剧本修改一事，到陕北体验生活，我们在佳县看到了黄河。

如果把黄河上游的涓涓细流和黄河下游的奔腾咆哮，比作它的幼年和晚年，那么，陕北的流段正是它的壮年。在那里，它是博大开阔、深沉而又舒展的。它在亚洲内陆上平铺而去；它的自由的身姿和安详的底蕴，使我们想到我们民族的形象——充满了力量，却又是那样沉沉地、静静地流去。可是，在它的身边就是无限苍莽的群山和久旱无雨的土地。黄河空自流去，却不能解救为它的到来而闪开身去的广漠的荒野。这又使我们想到数千年历史的荒凉。

一天清晨，我们看到一位老汉，在黄河边打起了两桶水，伛偻着身躯走去——毕竟有人掬起黄河之水，黄河之水毕竟要流进干旱的土地。

我们就是在那个早晨，明白了应该写什么，怎样写。在我们的影片所要展示的那个年代，引导着整个民族去掬起黄河之水的就是共产党。翠巧，是觉悟到了应该掬起黄河水的人们中的一个，即使那只不过是一桶水。人们的向往和现实生活之间总是横亘着艰难的道路，但是，现实中的每一个行动又总是放射着理想热烈的光辉。

热爱黄河而去歌颂黄河，对于每一个尚未丧失激情的人来说，都不难。如果我们清醒地看到，能够孕育一切的，也能够毁灭一切，那么，对于生活于旧社会的翠巧而言，她的命运就一定带着某种悲剧色彩。她所选择的道路是很难的。难就难在，她所面对的不是狭义的社会恶势力，这种挑战需要更大的勇气。因此，我们的影片就内涵而言，是希望篇。因此，从形象的历史审美价值着眼，我的更高期望是，翠巧是翠巧，翠巧非翠巧。她是具体的，又是升华的。

如果要我说有关影片主题方面的话，就是这么多了。

二、作为学步者要说明影片的风格，恐怕是件难事。但我们称之为风格的东西毕竟是容纳主题的基础，那么，试着说明还是必要的。

黄河是大河，不是小溪。在它的水流之上，容不得落叶或枯枝的滞留，它的水势是强大的。

走上陕北的山顶，登临送目，你又会发现，黄河的流水几乎是静止不动的，只是在流向的曲折上，才能看出它的壮阔。

我把黄河的流向比作影片的结构，又把远观的流水比作占了影片相当大比重的一部分句子……

二、数字视频创作者应具备的基本素质

一位数字视频创作者应该具备以下基本素质。

（1）掌握数字视频制作的流程。作为数字视频制作者，必须掌握制作视频的工作流程，了解数字视频制作前期、中期和后期的工作内容，并能参与其中的工作。

（2）了解数字视频制作各方面的工作内容。对数字视频制作涉及的各方面工作，都需要了解相关专业知识，包括编剧、节目策划、演员、摄像、化妆、美工、照明、音响、录音、剪辑、特效等方面，能够与相关工作人员进行交流指导。如果是独立制作人，还需要学会运用所有影视制作技术技巧。

（3）既有领导能力，又具备合作创作的才干。“众人拾柴火焰高”，不要忽视团队的力量，在创作过程中，既要坚持自己的艺术构想，又要脚踏实地与其他人良好合作，只有相互配合、齐心协力才能创作出优秀作品。

（4）有一定的生活积累和文化艺术修养。创作数字视频作品的目的是以优秀的作品感染受众，给受众带来艺术欣赏的审美愉悦。这就要求创作者具有丰富的人生体会，不一定要亲身经历，但要对情感敏感，观察生活、洞悉人性。

（5）独特的风格。风格是数字视频作品区别于其他作品的最大特征，也是你的作品不能被其他作品取代的原因。要学习优秀视频作品，分析创作者风格，但是创作的作品要拥有自己独特的风格。学习别人的技巧，最终是为了成为自己。

（6）作为数字视频创作者，在创作过程中会遇到很多困难与挑战，这就需要创作者具备对数字视频创作发自内心的热情、坚定不移的决心、艰苦奋斗的精神和对艺术执着的追求。对专业的热爱是从事数字视频创作最大的动力，所以要对创作永远保持热情，对事业永怀激情，面对挫折百折不挠。要将数字视频创作当成自己的孩子永不抛弃，把数字视频制作当成毕生追求的事业永不停息。工作时永远像火一样，照亮自己也照亮别人。对创作精益求精，坚定地完成自己的艺术目标。

（7）要创作出优秀的作品，需要长期的学习和生活积累。视频作为综合的艺术形式，要求视频制作者掌握广泛的文化知识。从视听语言的角度来说，耳朵要能听懂音乐音效的含义，眼睛要能发现美的样式构图，思想上能从历史、哲学、文学等领域学识出发，认识古往今来的人类社会和文化现象，或掌握某一门类的专业知识。

总之，数字视频创作者即便具备丰富的视频制作知识和技术，但在面对不断更新迭代的数字视频创作要求，仍需持续学习、观察、提升数字视频创作技术，多学多做，做到厚积薄发，方能一鸣惊人。

三、数字视频策划步骤

数字视频创作的第一步是策划，策划的步骤包括确定视频目标、确定目标受众、形成策划方案、制定工作时间表、组建团队、介入拍摄和后期制作、发布和反馈。

1. 确定数字视频目标

确定数字视频目标是规划视频的内容和形式的前提。如果是创作娱乐节目，则考虑娱乐方面的内容和形式；如果是计划创作一部纪录片，则要从纪录片的创作要求出发进行策划。

根据数字视频目标制定创作项目，收集相关项目资料，对项目进行解读，找出项目的价值所在，也要与同类型项目进行比较研究，发现项目的卖点。如果找不到项目的卖点，那可能要对项目进行调整，或者创造一个新的卖点，这需要经过仔细调研才能发现。比如经济类节目，很多经济类短视频都以主播讲解的形式进行，通常是男性主播以老练、可靠的专家形象以严谨的形式对经济现象、经济问题做解读。那么想要做一个形式新颖的经济类节目，就可以选取与大多数节目不同的样式，比如采用一人分饰两角，互相对话，观感轻松、形式新颖，形成经济类节目的新卖点，然后对这个卖点进行深入挖掘（图 2-1）。

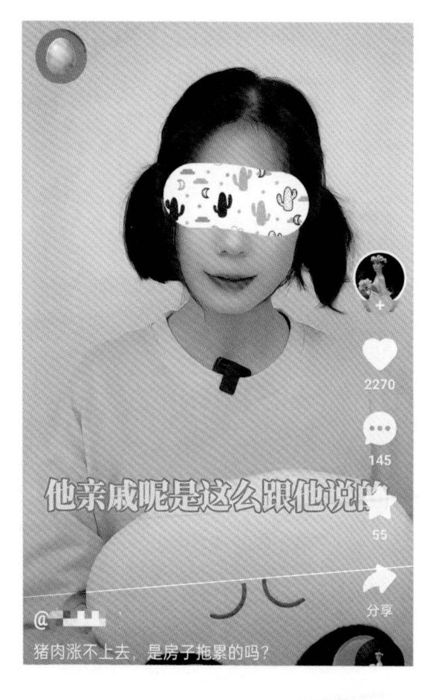

图 2-1　一人分饰两角的经济类短视频节目
一个是对经济问题不懂的小白，一个是经济专家，小白提问，专家解答，主要关注经济热点。一人分饰两角的节目形式为本来严肃的经济问题增添了活泼感，扩大了经济类节目的受众面。

2. 确定目标受众

明确数字视频作品是为哪一类受众制作的，以确定数字视频的内容和形式。了解目标受众的兴趣、需求和期望，依据不同年龄阶段的、不同地区的、不同文化水平的受众的喜好，调整节目样式。

3. 形成策划文案

将创意落实为文字，形成策划文案，对策划文案进行反复探讨，根据策划文案确定预算，进行成本效益分析，找到性价比最高的策划文案。如果是剧情片，则要创作剧本，并根据剧本完成故事板、分镜头剧本，以便指导后面的拍摄和剪辑。

对于策划文案，要舍得放弃某些创意，比如编剧想了一个特别精彩的情节，但是与故事不搭，那也只能忍痛放弃。策划案应条理分明、简单化，要有个性，但为了后期制作要留出弹性空间，做好后备方案。

4. 制定工作时间表

为数字视频制作制定一个详细的工作进度时间表，包括前期准备、拍摄（表 2-1）、后期制作和发布等阶段。按照时间表可以更好地掌控制作进度，控制预算，确保项目按时完成。

表 2-1 拍摄计划表

日期	时间	拍摄地点	拍摄内容	拍摄部门	人数	演员	摄影师	负责人	配合部门	备注
//	AM 08:00-11:30	行政楼内	第一场	拍摄1部	XX	某某……	某某	某某		

注：拍摄计划表可以根据不同拍摄要求调整，但要包括拍摄时间、拍摄地点、拍摄内容以及参加人员。

5. 组建团队

根据策划方案，组建一个合适的团队，包括导演、摄像师、演员、剪辑师等，确保每个工作人员都明白他们的角色和职责，并能有效地合作。

6. 介入拍摄和后期制作

按照策划案完成拍摄和后期制作。在这个过程中，策划案可能会根据具体实施情况进行调整，要及时解决出现的问题。

7. 发布和反馈

数字视频制作完成后，根据数字视频目标将数字视频作品发布到适当的平台，并密切关注受众的反馈。根据反馈，评估数字视频作品是否达到了预期的效果，以便在未来的数字视频创作中做出改进。

数字视频策划是有效指导视频创作过程的第一步，也是贯穿整个视频创作过程的工作，因此要重视视频策划过程，不断反思和改进视频创作。

四、数字视频策划的出发点

数字视频策划要遵守相关法律法规，多收集视频素材，以创建视频品牌为目的。

1. 遵守法律法规，满足受众需求，树立个人独创风格

（1）符合国家大政方针，符合社会主义核心价值观。

（2）符合网络视频管理法律法规要求，符合视频发布平台对视频内容的管理要求。

（3）符合受众的心理期待，从受众的角度出发，提供受众喜爱的视频内容。

（4）在符合以上三点条件的前提下，表达自己的艺术追求，拍摄自己喜爱的内容，树立自己的风格，在万千观众之中，总会有欣赏你的作品的观众。

2. 收集自身经历、新闻或文学作品等创作素材

（1）从原始生活素材出发，将个人经历、人生感悟改编成视频作品。很多电影导演的第一部电影都是源于自身经历的改编故事。比如贾玲将对母亲的思念演化为电影《你好，李焕英》，真实的情感感动亿万观众，戳中观众泪点，总票房超过 54 亿元人民币。

（2）收集新闻报道一类的非艺术作品，作为创作素材。现实中发生的新闻反映了真实的人性，比起艺术作品，新闻事件更贴近现实，具备真实的魅力。与新闻事件相关，也就是与热点相关，热点是一个不错的创意来源。很多影视作品的主人公都有现实的生活原型，比如张艺谋导演的电影《秋菊打官司》《第二十条》都改编自真实的新闻事件。但新闻改编要注意尺度，不能为了创作目的扭曲事实真相。

（3）收集各种文艺作品。民间故事传说、文艺作品原有的受众可以作为视频作品的受众。比如四大名著、金庸武侠小说都被反复改编成影视剧。原著的受众基础提供了新视频作品的受众基础，这也是影视创作倾向于购买大 IP 作品，再将其影视化的原因。文艺作品的优点就是具备戏剧性，情节跌宕起伏。优秀的影视剧也可以作为创作对象，进行翻拍，做出新的艺术解读，满足不同受众的观影需求。漫画、动画也可以是创作对象，重要的是找到一个好的故事。

3. 掌握创建数字视频品牌四个特征

北京师范大学胡智锋教授曾提出创建电视品牌的四个特征，现在也可以作为数字视频品牌的四个特征，策划数字视频时融入品牌思维，才能确保数字视频作品能够持续地发展。

（1）数字视频品牌应具备稀缺性特征，即“人无我有”。主要指数字视频在内容、创意、资源等方面拥有独特的优势，难以被复制或模仿。这种稀缺性可以来自数字视频制作者的专业解读、独特视角、独家资源等，增加了品牌的吸引力和价值。

（2）数字视频品牌应具备优质性特征，即“人有我优”。主要指数字视频在精美画面、流畅叙事、精准推荐、专业解说等方面达到或超越行业平均水平，能给受众带来更好的观看体验。

（3）数字视频品牌应具备独特性特征，即“人优我特”。主要是指数字视频在市场中的独特定位和特色，表现为独特的创意、个性化的表达方式、独特的叙事风格等，从而在众多制作优良的数字视频品牌中脱颖而出。

（4）数字视频品牌应具备极致性或不可替代性特征，即“人特我绝”。主要指数字视频在某一领域或某一方面达到了极致水平，成为该领域的代表或标杆，具有不可替代的地位。比如中央电视台的《新闻联播》节目，是我国最长寿的电视节目，长期以来，始终在新闻节目中占据着重要的地位，其权威性和影响力在业界享有极高的声誉，其他新闻节目只能望其项背。

总之，稀缺性、优质性、独特性和极致性是创建数字视频品牌的四个关键特征。对于想要打造成功视频品牌的创作者来说，理解和把握这些特征是至关重要的。

第二节　数字视频策划的内容

一、数字视频策划文案的主要内容

策划内容的核心是创意。围绕创意，在做策划时要反复思考，拍摄的视频是否具有一个吸引人的主题，主题是否有趣、是否具有时效性。能在多大程度上引起观众共鸣；是否有新颖的拍摄手法，怎样将故事讲得简洁明了；最重要的是视频开头，能否迅速抓住观众注意力。

在策划数字视频作品时，要考虑到视频制作的可持续性，不能只做一期视频，而是应该持续稳定产出，以获得稳定的观众。这就需要每期视频有固定的名称、固定的播出时间（即起止时间固定）、固定的宗旨，形成视频节目创作理念，确定视频节目定位，固定节目样式，每期播出不同的内容，给观众带来信息知识、享受、欢乐和兴趣。

1. 数字视频节目名称

节目名称是受众对视频的第一印象。一个富有创意和吸引力的节目名称，可以激发用户的好奇心，增加用户的点击率和参与度。优秀的节目名称不仅能够吸引用户的注意力，提高用户的参与度和黏性，还能有效地传达节目的主题和内容，帮助用户快速了解节目的信息。名称是节目品牌形象的一部分，应具有强标识性，体现品牌的特点和风格，能帮助塑造和提升视频品牌形象。比如《中国诗词大会》《典籍里的中国》，节目名称全面准确地概括了节目的主要内容、定位，并与中国传统文化相关，自然吸引对传统文化感兴趣的受众；《我在岛屿读书》的节目名称则显示出与传统读书类节目的区别，既能吸引读书类节目受众的兴趣，也能引起其他受众对节目的好奇心。

因此，在设置栏目名称时，需要仔细考虑和规划，确保栏目名称能够充分发挥其应有的作用，能吸引更多的受众。

2. 数字视频节目理念

节目理念是指一个节目所秉持的核心价值观、宗旨和目标，及其在制作和呈现内容时所遵循的原则和指导思想。节目理念强调节目所传递的价值观、观点和态度，以及对社会、文化和人的影响。节目理念体现了节目的特色和风格，为内容创作和品牌建设提供了指导和方向。

例如，一个新闻节目的理念可以是“传递真实、客观、全面的新闻信息，关注社会热点，引导公众思考”，而一个娱乐节目的理念可以是“带给观众轻松、快乐的娱乐体验，展现明星风采，推广当代文化艺术”。

3. 数字视频主题定位

主题定位涉及对数字视频内容的核心特征、功能、意义等方面的理解和提炼，以及如何在特定创作环境下对其进行有效表达和呈现。这需要对节目策划进行深入分析和理解，从而确定其主题和定位。主题定位指导节目创作内容，决定了节目呈现的样式和结构。

例如，2015 年中央电视台春节联欢晚会的主题定位是“共筑中国梦，家和万事兴”，2017 年中央电视台春节联欢晚会的主题定位是“大美中国梦，金鸡报春来”，2023 年中央广播电视总台春节联欢晚会的主题定位是“欣欣向荣的新时代中国，日新月异的更美好生活”。不同的主题定位使每一年的春节联欢晚会都呈现出不同的特点。以每年结尾歌曲《难忘今宵》为例，2015 年在《难忘今宵》节目中增加了“家”的内容，邀请全国观众参与合唱《难忘今宵》，展现了百姓的幸福生活，增强家国凝聚力（图 2-2、图 2-3）。

图 2-2　2015 年中央电视台春节联欢晚会《难忘今宵》节目

图 2-3　2015 年 中央电视台春节联欢晚会《难忘今宵》节目开场合唱

4. 数字视频形象标识

数字视频形象标识是一种用来展示数字视频节目形象和品牌价值的标识，以增强数字视频品牌知名度和形象价值。在当今的读图时代，形象标识传递的识别价值格外重要，几乎可以达到与名称设计同样的效果。形象标识主要包括对数字视频名称、品牌、商标或徽标、广告主题词和典型音乐、特定的字体和色彩、包装、宣传品的格调等方面的设计，会在公众心目中留下深刻的印象。

例如，《中国好声音》的节目形象标识设计最早为一只手握话筒，做出胜利的手势，传递出歌唱比赛的信息和欢乐的氛围（图 2-4）。后期《中国好声音》的形象标识设计略有修改（图 2-5），新标识延续了原标识的框架，使受众能清晰地辨别出这也是《中国好声音》，但降低了原标识的竞争意味，不再以比赛名次为目的，而转为对参赛者精神面貌的表现。

图 2-4　《中国好声音》早期节目形象标识

图 2-5　《中国好声音》后期节目形象标识

形象标识也体现在节目中。比如《中国好声音》的转椅设计（图 2-6），导师被参赛者歌声打动转身表示对选手的赞同，转椅在这里是道具，但因为突出的设计也成为节目极具辨识度的标志。后期《中国好声音》的节目形象标识变化，于是节目现场的设计也做了相应改变（图 2-7）。

图 2-6 《中国好声音》转椅设计

图 2-7 《中国好声音》现场节目标识设计

5. 数字视频宣传口号

宣传口号作为一种快速、直接、有效的传播方式，是一种强有力的营销工具，能够在短时间内传达数字视频的核心价值，激发受众的观看欲望。一个成功的宣传口号不仅朗朗上口，而且能够准确地表达数字视频品牌的独特性和优势，使受众在短时间内对数字视频产生深刻的印象，所以数字视频在策划时应精心设计能够引起受众共鸣的宣传口号，以提升节目知名度和竞争力。

例如，《焦点访谈》的节目宣传口号是“用事实说话”（图 2-8），展示新闻的真实性和客观性特征；《第一时间》的节目宣传口号是“享受充满资讯的早晨”；《开讲啦》的节目宣传口号是“聆听思想的声音”；《鲁豫有约》的节目宣传口号是“说出你的故事”（图 2-9）。宣传口号可以做成节目片头，成为节目片的一部分，但更多由主持人开场念出节目宣传口号，调动观众情绪。宣传口号用通俗易懂的语言，与配乐相适应的字长、字意，成为视频节目的有力标识之一。

图 2-8 《焦点访谈》节目宣传口号

图 2-9 《鲁豫有约》节目宣传口号

6. 数字视频创意

创意是数字视频制作的起点，有了好的创意，等于数字视频的制作成功一半。创意的来源很多，可能是瞬间的想法，也可能是经过深思熟虑、反复探讨的主题。创意、灵感不是凭空出现的，需要创作者长期的艺术积累。

无论是影视剧、综艺节目还是短视频，创意始终是吸引观众眼球、保持竞争力的关键。在众多的节目中，受众往往会对那些新颖独特、富有创意的作品留下深刻印象。这些作品通过独特的视角、创新的叙事手法或特别的节目设置，为观众带来前所未有的观赏乐趣，满足他们求新求异的心理需求。一个具有创意的节目往往能够脱颖而出，还能够塑造出独特的品牌形象，为制作方带来丰厚的商业回报。

二、符合节目类型的策划要求

在了解节目策划的主要内容之后，还需要了解不同节目类型的策划要求。不同类型的视频节目在名称、理念、主题、创意等方面的要求区别较大，视频节目主要分为新闻资讯类、综艺娱乐类、影视剧类、科学教育类、生活服务类等类型。

1. 新闻资讯类节目策划要求

新闻资讯类节目旨在提供最新、最快、最深入的新闻解读和评论，为观众呈现一个全面、客观、立体、深入的新闻内容。新闻资讯类节目涵盖国内外政治、经济、社会、科技、文化等多个领域，注重新闻事件的深度分析和背景挖掘。

（1）选取具有新闻价值的新闻事件作为数字视频节目制作内容。依据节目定位、节目平台选择对视频节目观众来说最具新闻价值的新闻来播报、解读。新闻价值的判断标准，首先是选择热点新闻，但基于与同类节目的差异化竞争需要，既要把握热点，又要有自己独特的新闻视角。所以判断新闻价值，要看新闻事件的时间性、影响范围，比如与知名人物相关或者是与受众关系密切、临近地区的冲突事件，也可以关注正在被受众关注的事件或社会问题（可能是关注度正在上升的热点事件）。

综合新闻资讯类节目以报道全国新闻为主，辅以全球新闻。专业类新闻资讯节目则需要选取与专业相关的新闻事件，比如体育类新闻资讯节目只能报道体育相关新闻，财经类新闻资讯节目只能报道与财经相关的新闻。新闻视频节目的定位限制新闻内容的选取。

（2）选取符合节目风格的新闻主持人。新闻主持人作为节目的形象代表，不仅要有深厚的新闻专业知识，更要有敏锐的洞察力和准确的表达能力，承担着向观众传递最新、最准确、最有价值的信息的责任。新闻主持人在镜头前不仅要冷静、客观，还要能够用生动、形象的语言将复杂的新闻事件讲解得深入浅出，让观众易于理解。新闻主持人必须始终坚守新闻的真实性和公正性，具备高度的职业道德和责任感。一旦新闻主持人个人形象受损，整个节目的公信力也会受到巨大影响。

新闻主持人是媒体与公众之间的桥梁和纽带。在采访时，主持人要注意自己的身份定位，态度谦虚，对于采访问题要有全方位、多层次、多侧面的采访结果，采访时的立场要公正。

（3）现场直播式新闻节目作为最具有视频新闻性特征的节目样式，有自己的策划要求。现场直播式新闻节目是指报道正在发生的新闻事件，主持人或记者以“我在场”的形式，近距离观察新闻事件、体验事件进程，给观众带来第一手的现场体验。当可以预见的重大事件发生时，比如举办奥运会、神舟飞船发射、高铁通车等新闻事件如期发生时，主持人或记者提前赶到现场进行报道，体现新闻的即时性、客观性、真实性特征，并带给观众强烈的现场参与感。

现场直播式新闻节目注重现场直播的原生态呈现，要提前准备好资料，提升现场直播的深度把握，预估出事态发展方向，根据直播过程中的观众反馈和互动情况，及时调整策划方案，确保节目效果达到最佳。

（4）调查评论式新闻节目不仅有对新闻事实的报道，还需要记者进行亲身、深入的实地调查。调查评论式新闻节目通过对新闻事实深入调查采访，认真分析论证，在摆事实、讲道理的基础上，由主持人或记者表达看法和观点，是新闻的延伸和升华。调查评论式新闻节目应以深入调查、客观评论为核心，以揭示事实真相、推动社会进步为宗旨。节目应关注社会热点、难点问题，聚焦民生关切，传递正能量，引导社会舆论。节目重点在于调查过程。调查过程应客观、公正，遵循新闻真实性原则，确保信息来源的可靠性和准确性。评论观点应具有独立思考和独到见解，引导观众形成正确的价值观和认知。

《焦点访谈》作为中国最具影响力的新闻调查评论节目之一，选择“政府重视、群众关心、普遍存在”的选题，坚持“用事实说话”的方针，反映和推动解决了大量社会发展过程中存在的问题。《焦点访谈》每期节目都选取社会上的热点、难点问题，进行深入剖析和客观评论，为观众提供了解社会、认识问题的视角，保持着独特的风格和影响力。

《焦点访谈》的节目模式为开场主持人出镜，用新闻导语带领观众进入新闻事件的调查之中；接下来是新闻的主体部分，是新闻事件的调查过程；最后回到演播室，由主持人进行新闻评论和结语。

2024 年 3 月 16 日《焦点访谈》新闻标题为“密室藏隐患　遇险难逃脱”。开篇是主持人出镜，说出新闻导语：“近年来，像密室逃脱、沉浸式演出这类新兴的游戏、休闲娱乐场所渐渐多了起来。但是，这些场所也有一个特点往往被人们所忽视，那就是场所密闭，人员密集，容易发生火灾等险情，并且不易疏散，安全隐患不小。没有安全，一切都是零，也就没有这类新业态的持续健康发展。近日，记者就探访了这类场所，看到的场景让人担忧。”

导语之后是节目主体部分，主要为新闻调查过程，通过记者“调查发现”、记者“观察到”这样的调查手法，以及对消防部门、文化和旅游部门的采访，全面、客观地完成了新闻调查过程（图 2-10~ 图 2-13）。

结尾主持人评论：“密室逃脱、沉浸式演出等这类场所，丰富了人们的休闲娱乐方式。但同时也要看到，一部分场所的安全隐患也确实比较突出。2021 年 10 月，国家消防救援局发布密室逃脱类剧本娱乐场所火灾风险的指南和检查指引，文旅、住建、公安等有关部门都在密切关注新业态的新风险并提出针对性对策。消除隐患，一方面，相关部门要加大监督检查力度；另一方面，经营者也要时刻绷紧安全这根弦，把安全工作做到位，让密室遇险也能安全逃脱。”

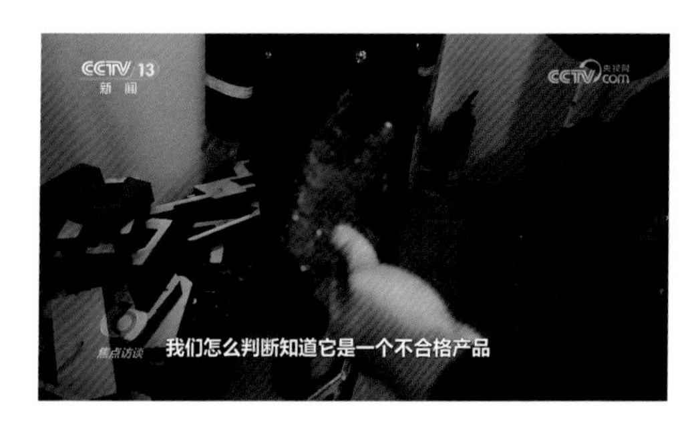

图 2-10　《焦点访谈》安全检查画面
通过实践调查，进行安全检验。

图 2-11　《焦点访谈》暗访画面
将安全隐患的现场呈现给观众。

图 2-12　《焦点访谈》采访画面
专业人士对密室逃脱之类场所建设提出安全建议。

图 2-13　《焦点访谈》记者调查画面
记者深入密室体验，排查火灾隐患。

2. 综艺娱乐类节目策划要求

综艺娱乐类节目是一种集娱乐、文化、艺术等多元素于一体的综合性电视节目形式，通过各种形式的表演、游戏、访谈等环节，带给观众欢乐、轻松、愉悦的观赏体验，成为现代视频节目娱乐产业中的重要组成部分。

综艺娱乐类节目的种类繁多，包括歌唱比赛、舞蹈大赛、真人秀、游戏竞技、访谈脱口秀等多种形式。歌唱比赛类节目以选手的歌唱实力和舞台表现为主要展示内容，通过评委点评和观众投票等方式，选拔出优秀的歌手。舞蹈大赛类节目注重展示选手的舞蹈技巧和创意，展现各种风格的舞蹈魅力。真人秀节目通过记录参赛者在特定环境下的真实生活和工作状态，展现他们的个性、才华和魅力。游戏竞技类节目以游戏为主要内容，通过选手间的竞技和比拼，展示他们的反应速度、团队协作和竞技精神。访谈脱口秀类节目邀请明星、名人等嘉宾，通过轻松幽默的对话和互动，分享他们的生活经历和感悟。

策划综艺娱乐类节目需要注重主题吸引力、内容多样化与创意性、氛围营造、观众互动以及宣传推广等方面。

文化类综艺节目将中国的典籍、成语、文学、历史、汉字等博大精深的中华传统文化融为一体，既保留了综艺节目的参与性、互动性、趣味性，又承载着厚重的历史价值和文化意义，提升观众的认同感和文化自信。

2021 年，由中央电视台制作的大型文化类综艺系列节目《典籍里的中国》，与以往文化类节目的叙述结构完全不同，不再以访谈和专家讲解的科普形式为主要内容，而是选择更具沉浸式的戏剧化视觉演绎，以适应年轻观众的喜好。节目选取《尚书》《论语》《永乐大典》等流传千古的历史经典，每期围绕一部经典著作，由典籍引发出触动心灵的故事，借助新技术实现古今对话（图 2-14），用全新的方式对承载着中华民族悠久历史和文明的经典古籍赋予新的活力，将书中的文字通过故事创作、场景变换等方式进行可视化、戏剧化的艺术呈现。

图 2-14 《典籍里的中国》数字特效画面
用数字特效再现古人的精神世界。

《王牌对王牌》是浙江卫视推出的一档原创室内竞技真人秀节目（图2-15），每期围绕一个主题，由四位常驻嘉宾组成的王牌家族和飞行嘉宾组成两支队伍进行对战，通过不同的游戏设置，让王牌家族与嘉宾团队进行比赛。在传统的竞技环节外，还增加了才艺表演，如唱歌、跳舞，让游戏环节设置更加丰富多元。

图2-15 《王牌对王牌》常驻嘉宾组成王牌家族
观众将对王牌家族的喜爱转化成对节目的喜爱。

《王牌对王牌》的重要看点在于每期邀请明星嘉宾对热门IP进行演绎和互动，打出“怀旧感情牌”。比如邀请《红楼梦》《白蛇传》《孝庄秘史》等经典影视剧剧组在《王牌对王牌》舞台上重聚，回忆经典影视情节，重温经典影视台词，或者由原剧组人员再现，或者由常驻嘉宾对经典影视人物进行再次演绎，让这档节目同时具有“回忆杀”和“新鲜感”（图2-16）。

图2-16 《王牌对王牌》再现经典影视场面
重聚有影响力的屏幕形象，唤起观众回忆。

《王牌对王牌》的常驻嘉宾和飞行嘉宾通过极具个人特色的表演来展现经典影视剧背后的情感内涵，再通过游戏互动和聊天来发掘故事背后的故事，展现人与人之间的温暖情谊。随着游戏的深入推进，节目既有笑点又有泪点，引起受众的情感共鸣。

图2-17 《王牌对王牌》游戏环节
当期节目主题是穿越宋朝，所以设计为诗词飞花令。

王牌家族成员的稳定性也是该节目成功的一个重要原因，固定的常驻嘉宾成为节目的一面旗帜。

《王牌对王牌》在经典的传统游戏基础上创新（图2-17）。每期的游戏会根据当期节目主题的不同内容来设计，这样既对经典游戏进行反复利用，也是在与时俱进地创新，不仅不会使观众产生审美疲劳，还会让观众眼前一亮，产生积极的节目效果。

总之，综艺娱乐类节目适合将节目精彩段落剪辑成短视频在短视频平台播出，为节目口碑和收视做引流，实现电视大屏与手机小屏的联动。

3. 影视剧策划要求

影视剧创作的完整过程是指由编剧完成文学剧本写作，再由导演完成分镜头剧本写作，最后由导演和整个摄制组共同完成实际拍摄、制作。

（1）文学剧本策划要求。作为影视剧创作的基石，文学剧本是将文字转化为视听艺术的桥梁。它不仅为导演和制片人提供了创作的蓝图，也为观众构建了一个独特而生动的世界。在文学剧本策划阶段，内容、结构、人物和事件的构思是剧本创作的起点。这些元素的精心设计将为剧本写作奠定坚实的基础。

① 剧本的内容由背景、行动和语言三部分构成。背景，即故事发生的时空环境，它不仅包括具体的地理位置和时间设定，还可以通过人物的服饰、化妆、场景设计以及解说词等方式来丰富和深化。这些细节不仅为观众提供了故事的背景信息，也为人物的行动和事件的发展设定了规则和限制。

剧本的核心是人物的行动和语言。剧本不是简单地叙事，每一句台词、每一个动作都应具有明确的目的和意义，不能有任何模糊不清的描写。如果导演对故事有独特的解读，应通过导演阐述或前期的故事梗概、人物小传来表达，而不是直接写入剧本。

② 设计剧本的结构。简单说来，剧本结构一般包括开端、发展、高潮、结局（图2-18）。现代影视体系对于剧本结构应该如何设计几乎有相当完备的要求，所以在剧本结构上的创新很难。结构主义者认为剧本结构可以被当作审美对象来进行欣赏，结构可以与画面、造型、语言等一样具有审美意义，不应当忽视对结构的把握。

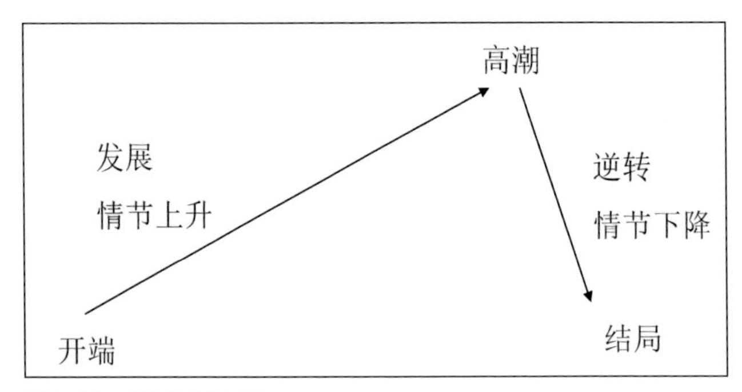

图 2-18　剧本的结构示意
剧本的五个基本环节是：开端、发展（情节上升）、高潮、逆转（情节下降）、结局。

结构应服务于故事内容，而不是相反。试图以结构创新为出发点去构建故事是危险的，因为故事的吸引力主要来自其内容和人物，而非结构形式。因此，应根据故事内容来设计结构，以更好地表达故事的主题和情感。但当有了一个好故事之后，最应该做的事情还是关注结构，利用结构设计悬念、制造冲突，那是好故事成为好剧本的前提。

③ 人物设计是剧本创作中的另一个关键环节。人物的出生背景、成长环境、性格特点等都需要在故事的开头部分就清晰地呈现给观众。人物的每一个细节，无论是外在的穿着打扮，还是内在的性格特质，都应为故事的发展和结局埋下伏笔，增添故事的深度和丰富性。

在设计故事的时候，可以同时写作人物的小传——人物出生何处，成长环境怎样，性格怎样，穿什么样的衣服、留什么样的发型之类。但是对于观众来说，观众不可能先阅读人物小传再看电影，所以在故事开始的时候，第一个场景、第一个事件就是为了将人物小传交代清楚，使观众弄懂背景、了解人物。为人物设计出一些具备个人特征的细节，其实隐喻了影片的精神高度，成为之后故事发展方向的点睛之笔。

④ 剧本的开头部分尤其重要，无论是激烈的热开场还是平静的冷开场，都应迅速引入人物，展示他们的性格特点，并通过事件的设置引发观众的好奇心，激发他们继续观看的欲望。对于热开场，在相对激烈的事件中，揭示出的人物性格更全面更深刻。冷开场奠定的影片基调可能也是相对冷静，可以只是起到人物出场的作用，人物的性格将会在之后发生的事件中慢慢显现。剧本中第一个要完成的任务是交代背景、展示人物，尽可能地为之后的事件甚至结局埋下伏笔，并且不动声色地布下各种悬念，不要忽视用细节介绍人物，从人物出场之时，表现人物在哪里、干什么，每一个细节都非常重要。

⑤ 事件是推动故事发展、展现人物性格和冲突的关键。在场景和人物展示之后，使观众认识人物的唯一方法是事件。无论是大事件还是小事件，都应包含完整的开端、发展、高潮和结局，同时在事件之间建立联系，形成环环相扣的情节，增强故事的紧张感和吸引力。

大事件是指涉及很多人的事件，通常现场表现很激烈，在事件的发展进行中决定多人的命运，甚至导向结局。比如《红楼梦》中“元春省亲”就是一个大事件，也是贾府盛极而衰的转折点。

写作小事件对人物塑造非常重要，例如电影《爱有天意》中讲述女主人公练习跆拳道一脚不小心踢伤陪练学长的鼻子，整个过程只有 30s 左右的时间。事件虽然小，可是强化了女主人公鲁莽的性格，这样一个鲁莽的女孩对待暗恋的男生小心翼翼，前后对比令观众更欣赏这份暗恋的可贵和女主人公的可爱。

整个剧本可能是一个大的事件，比如电影《兵临城下》《血战钢锯岭》等。然而在大的事件中，包含了其他大大小小的事件。小事件就是情节，事件和情节基本上就是一个意思，将情节说成事件就是强调了在一个情节中包含了开端、发展、高潮、结局的完整环节。要注意一个事件和另一个事件的关系并不是割裂开来的，在一个事件中包含了下一个事件的伏笔，而在最初的事件中，可能就揭示了结局。正所谓一波未平一波又起，每个事件之间也是关联的，多个事件组合起到单个事件无法达到的效果，加深了故事的强度。

总之，文学剧本的创作是一个综合了文学艺术与影视技术的复杂过程，需要编剧深入挖掘故事内涵，精心设计人物和事件，通过巧妙的结构布局，创造出引人入胜的影视作品。

（2）分镜头脚本策划要求。分镜头脚本策划要求包括通过创作分镜头脚本，能够做到明确视频风格、深入解读文学剧本、合理设计镜头、注重故事的情感表达、符合实际拍摄条件以及遵循视听语言的规范与标准。

① 明确数字视频整体风格。在进行分镜头脚本策划时，首先要明确视频作品风格。这包括导演个人风格对作品风格的影响，也包括影视剧项目目标、受众群体、传播渠道等。风格会影响分镜头的设计效果，比如镜头剪辑节奏偏快速还是慢速，长镜头多还是短镜头多，特写镜头多还是全景镜头多，不同的镜头组合形成了不同的数字视频整体风格。

② 深入解读文学剧本。深入解读剧本是策划分镜头脚本的基础。要充分了解剧本的主题、情节、人物关系等，确保对剧本内容有深入的理解。这有助于在分镜头过程中更好地把握节奏、情感表达等要素。

③ 根据文学剧本合理设计镜头剧本。分镜头脚本的核心是镜头的设计。要根据剧本主题表达的需要，合理设计每个镜头的内容、景别、拍摄方法、画面构图、光线与色彩等。要注意上下镜头之间的连贯性和逻辑性，单个镜头的意义有时需要在上下镜头的连接之中才能体现出来，要确保整个分镜头脚本的流畅性和观赏性。

④ 注重设计情感表达镜头。情感表达是分镜头脚本策划中的重要环节。要通过镜头的运动，充分展现人物的情感变化，增强观众的代入感和共鸣。要注重物件细节、动作细节的处理，可以适当加入空镜头或其他表意镜头，通过细腻的表现镜头手法来传递情感。

⑤ 设计的拍摄镜头要符合实际拍摄条件，满足现场拍摄要求。在策划分镜头脚本时，要充分考虑实际拍摄条件。要了解拍摄场地、设备、人员等实际情况，确保策划的分镜头脚本能够在实际拍摄中得到有效实施。要关注实际拍摄进度和预算，避免超出承受范围。

⑥ 遵循视听语言的规范与标准。在策划分镜头脚本时，要遵循相关视听语言规范和标准。例如镜头标注要清晰准确，画面构图要符合审美要求，光线与色彩要协调统一等。遵循规范与标准有助于提高脚本的质量和专业度。

4. 科学教育类节目策划要求

科学教育类节目旨在向广大观众普及科学知识，提高公众的科学素养，激发青少年对科学的兴趣和热爱。科学教育类节目应紧密结合当前科技发展趋势，选取热门话题，通过深入浅出的方式，将复杂的科学原理用通俗易懂的语言讲述出来。

（1）科学教育类节目选题范围涵盖物理学、化学、生物学、天文学、地球科学等多个领域，应重点关注前沿科技、环保节能、教育教学等热点话题。

（2）科学教育类节目形式多种多样，可以采用纪录片或演播室节目形式制作。节目可以采用调查、访谈、实验演示、动画解说等多种形式，以丰富多样的呈现方式吸引观众。

（3）注重选取科学教育类节目嘉宾，做好科学教育知识传播。为保证节目的科学性、教育性，可以邀请科学家、研究员、大学教授等权威人士担任嘉宾，请嘉宾来讲述科学原理和教育内容。

（4）科学教育类节目制作要求态度严谨，遵循科学事实。节目中不得夸大或歪曲科学原理。节目语言表达要简洁明了，深入浅出，避免使用过于专业的术语，要让观众易于理解。视觉效果要突出，运用高清摄影、动画制作等技术手段，增强节目的观赏性和吸引力。

科学教育节目策划要求注重内容的科学性和趣味性，以吸引更多观众，提高公众的科学素养。

例如科普纪录片《水果传》，以水果为媒介，在全球故事中植入中国故事碎片，每集按不同的主题讲述介绍全球种类多样的水果（图 2-19）。《水果传》第一季每集的主题设定为变身、异族、滋味、旅行、灵感、诱惑；《水果传》第二季采用了拟人化的手法，将每集主题定为“穿越时空的我”“我的生命密码”“我来自荒野”“我是 Superstar”“看我十八般武艺”“我们不一样”“我要被你玩坏了”“不能没有你”。讲述故事从第三人称切入到第一人称的视角，更能让受众有亲切感与亲近感。

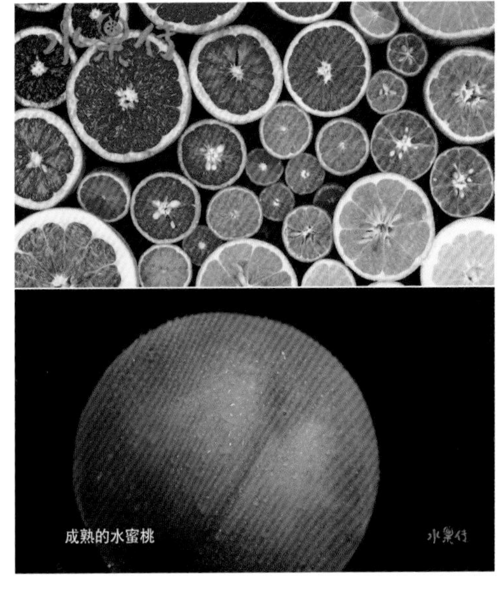

图 2-19 《水果传》中高清摄像画面

在《水果传》中，创作者对水果在大自然中的生存行为做了拟人化解读。水果植物们常常会面临激烈的空间竞争、恶劣的自然环境、旅途上未知的凶险。障碍及阻力情节的设计和抓取，造就了影片的冲突和张力。例如有些水果有着与搭档协同播种的传播模式，当搭档们不幸灭绝，水果们也将面临灭绝之灾。在进行水果科普的同时，穿插着各种人文情怀的故事，故事中蕴含着受众的“共情”（图 2-20）。高清摄影、延时摄影、水下摄影、慢速摄影、微距摄影（图 2-21）、动画等拍摄技术的运用，展现出新鲜、奇异、色彩斑斓的水果世界。

图 2-20 《水果传》中水果与人文共情画面

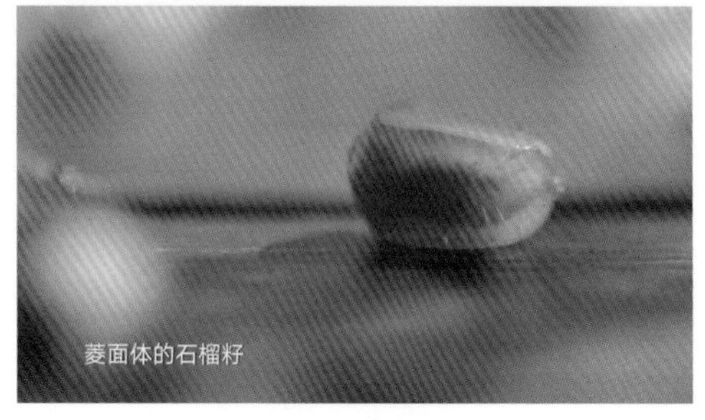

图 2-21 《水果传》中微距摄像画面

普法纪录片《是这样的，法官》以“善良的心是最好的法律”为口号，选取了具有一定关注度的真实案件，以大众喜闻乐见的方式进行法治传播，促成公民个体自觉维护法律权威，增强法律意识。该片带领观众了解基层司法人员的工作日常，释法、普法的同时，也体现着司法的公正和温度。

图 2-22 《是这样的，法官》中卡片信息画面
将重点法律信息以卡片形式穿插剪辑。

纪录片《是这样的，法官》并未直接采用法律人士填鸭式讲解法律知识的方式，而是将重点法律信息以卡片式穿插剪辑在案件庭审进行过程中。案情介绍、证人证言、案件判决依据均以文字方框的形式展示在屏幕上（图 2-22），与案件相关的法律条文定义也通过“小贴士”的形式在屏幕中展现。叙事上采用了综艺节目的手法，使纪录片变得活泼生动（图 2-23）。

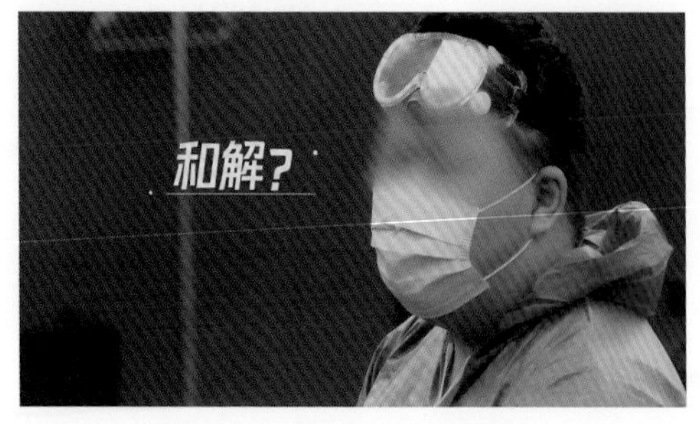

图 2-23 《是这样的，法官》中花字画面
加入综艺节目创作手法，添加花字，使纪录片变得活泼。

5. 生活服务类节目策划要求

生活服务类节目旨在为观众提供实用、贴心的生活信息和解决方案，帮助观众解决日常生活中的各种问题和困扰。该类节目应涵盖现实生活多个方面，包括家庭生活、健康养生、消费指南、装修买房、职场发展等，以满足不同观众群体的需求。

（1）生活服务类节目选题包括家庭生活类、健康养生类、消费指南类和职场发展类等。家庭生活类选题介绍家庭生活中常见问题的解决方法，如家务分工、亲子沟通、家庭装修等，分享家庭烹饪技巧、家居用品推荐等实用信息。健康养生类选题邀请专家讲解健康知识，提供养生建议，关注饮食、运动、心理健康等方面，同时介绍一些中医养生方法、健身课程等。消费指南类选题分享购物心得，提供消费建议，帮助观众理性消费；消费指南可以涵盖生活中各类商品，如服装、化妆品、数码产品等，还可以关注打折信息、商品质量等实用内容。职场发展类选题邀请职场专家、人事经理等分享职场经验，提供求职、升职、跳槽等方面的建议，关注职场文化、职场礼仪等。

（2）生活服务类节目形式包括访谈形式、专题报道形式、教学演示形式、短视频形式等。访谈形式是指节目中邀请专家、嘉宾进行访谈，分享他们的经验和见解。同时节目也可以邀请观众参与互动，亲身体验、提问、分享心得等。专题报道形式是指节目中针对某一主题进行深入报道，通过实地采访、试验验证等方式，为观众提供全面、准确的信息。教学演示形式是指节目中邀请专业人士进行实地教学演示，如现场演示烹饪技巧、健身方法等，同时也可以提供教学视频教程、图文教程等辅助材料。短视频形式是指生活服务类节目选择用短视频的形式进行传播。生活服务类节目很适合使用短视频的形式，以第一人称视角，介绍或体验美食、旅行、购物等内容，兼具知识性、实用性和趣味性。

（3）生活服务类节目制作要求具备实用性、互动性和知识性。实用性是指生活服务类节目内容应贴近观众生活，从观众的实际需要出发，提供实用的生活信息和解决方案。互动性是指节目应鼓励观众参与互动，提供多种方式让观众发表自己的观点和建议。知识性是生活服务类节目的核心，要注重知识的传递，让观众在轻松愉快的氛围中获取有用的知识。

例如中央电视台财经频道推出的《回家吃饭》是一档全新模式的生活服务节目。来自全国各地的各行各业的普通人和特级厨师同在一个家庭化的厨房里边做饭边聊天，用食物见证国家经济的发展、人民生活的改善，以看得见、摸得着、有温度的方式直接让观众感受到国家的强大和生活的美好。节目中传承中华料理文化，家风家味，传递积极、乐观、健康、温暖的生活态度和生活方式。

《回家吃饭》是一档充满人情味和文化底蕴的节目，通过呈现家庭餐桌这一独特的视角，让观众更加深入地了解中华美食文化的魅力和内涵（图 2-24）。运用高清的摄像设备，将每一道菜肴的制作过程展现得淋漓尽致，辅以温暖的布光，增加美食的视觉吸引力（图 2-25）。节目还邀请了知名厨师和美食专家进行点评和指导，为观众提供了丰富的美食知识和烹饪技巧。

图 2-24 《回家吃饭》中展示传统文化画面

图 2-25 《回家吃饭》中美食画面

在如今快节奏的生活中，养生已成为人们关注的重点。北京电视台的《养生堂》作为一档关注健康养生的节目，向观众传递了丰富的健康知识，引导大众树立科学、合理的养生观念，也将养生与日常饮食结合，弘扬中医食补文化。节目的内容涉猎广泛，对饮食、运动、心理到中医养生等多个方面知识，进行了深入浅出的讲解。通过专家的权威解读、动画演示（图 2-26）、小贴士实例（图 2-27），观众能够轻松理解这些养生知识并应用到日常生活中。节目注重与观众的互动，通过提问、解答、体验等环节，让观众参与养生知识的探讨中，增强观众的参与感和获得感。

《养生堂》引导人们关注身体健康，提高生活质量。在传播健康知识的同时，也注重弘扬传统文化。节目中经常穿插中医养生的理念和方法，让观众在了解现代健康知识的同时，也能感受到传统文化的魅力。这种古今结合的方式，不仅丰富了节目的内涵，也让观众在养生之路上走得更远。

图 2-26 《养生堂》中动画讲解画面

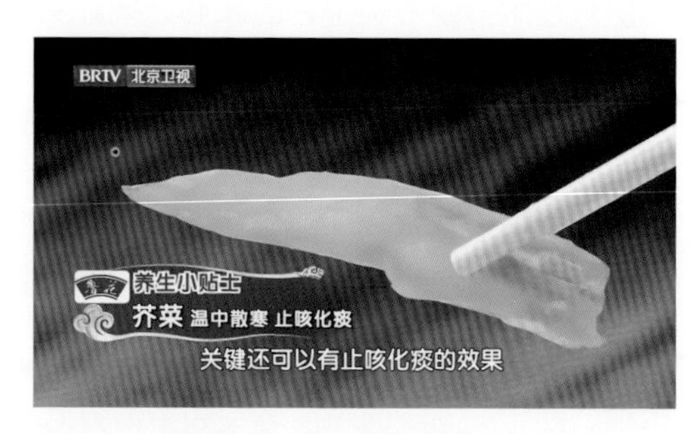

图 2-27 《养生堂》中养生小贴士画面

第三节 数字视频策划文案写作

数字视频策划文案写作按照节目的类型不同，可以分为电影剧本、电视剧本、微电影剧本、综艺节目策划文案、真人秀节目策划文案、广告策划文案等。从虚构节目和非虚构节目的分类角度来说，虚构节目的文案指的是剧本，非虚构节目则是提出选题，围绕选题和节目要求完成策划文案。

一、选题报告

选题报告指的是为制作节目，找到某个具体题材后，视频制作者要对选题的内容、来源、选题性质、选题价值及创作意图进行文字性说明的书面报告。

选题报告需要提请上一级领导审批通过才能具体执行。很多影视制作公司定期召开选题会，需要提交的就是选题报告。选题报告在选题策划会上经大家一起讨论，团队成员可以提出各自的想法协作完善选题。

选题报告一般包括选题内容、选题来源、选题时效性、拍摄地点、经费预算、选题价值等。

1. 选题内容

在选题报告中，首先需要对选题内容、性质、信息量大小等做出简明扼要的说明。选题的核心是选题内容。

2. 选题来源

对选题来源做出说明，是为选题做真实性与可靠性分析。微博、微信、电视、广播等都可以成为选题的来源，但一定要对选题真实性做核实，避免出现假新闻。社会资源越丰富，信息渠道越多，其选题来源就会越多，就越可能发现好的选题。选题来源可以做口头汇报，有时也可以在选题报告中进行说明。

3. 选题时效性

如果所创作的视频节目定位为时效性强，那么选题的时效性要求就较为严格。可以将近期热点作为选题，但要避免人云亦云。

4. 拍摄地点

标明拍摄地点很重要，管理者需要掌握人员动向，也要统筹调配人员和资源。拍摄地点也会涉及经费，管理者必须考虑周到。

5. 经费预算

一般情况下，每个选题的经费都会有规定的范畴，按照规定使用经费即可。但某些选题特殊，需要增加经费预算，也应该写在选题报告里。

6. 选题价值

为了能让选题通过，需要重点阐述选题价值，不仅要剖析选题的内容，也要说明题材的独特性，以及拍摄方案的设想，尽量突出创意点，明确选题价值。

7. 实施选题方案

在选题报告通过之后，可以着手写作用以指导拍摄的具体方案和节目流程，包括采访问题、节目设置、演播室制作方案、特效方案等。

选题报告一般使用表格式，各个电视台、各个公司使用的选题表格都不相同，其中的项目内容也不尽相同，但大体包括选题名称、选题来源、编导姓名、选题时效、采摄地点、经费预算、选题内容、编导阐述、领导意见等（表 2-2、 表 2-3）。有时也采用非表格式的文字型的选题报告。

表 2-2　选题报告表格样式 1

选题报告

选题名称		选题来源	
编导姓名		选题时效	
拍摄地点		经费预算	
选题内容			
选题价值			
主编意见			
制片人意见			

表 2-3 选题报告表格样式 2

选题申报单

年　　月　　日

选题名称			
作者			
选题来源	自采·来稿·指令·对外合作·其他	提供人	
选题意义			
计划拍摄时　间	年　月　日—— 年　月　日	计划播出时间	年　月　日
本选题特色及创新			
选题大纲			
拍摄计划			
制片人意见			
专题部意见			
处理结果			

二、剧本

在剧本创作过程中，依次要完成的工作包括创作故事梗概、文学剧本、分镜头脚本和故事板。

1. 故事梗概

故事梗概是对一个故事或作品的简洁、全面的概述。它用简短的语言描述了故事的主题、情节、人物和结局，帮助受众快速了解故事的核心内容。影视剧的故事梗概是对影视剧剧情核心的概括。一个好的故事梗概应该简洁明了，突出重点，同时要能够吸引读者的兴趣。在写作故事梗概时，要尽可能准确地传达出故事的精神和风格。

下面是 25 集电视剧《你的生命如此多情》的故事梗概。

年轻的女记者林星，为完成采访任务，冒失地闯入本市知名企业长天集团总裁吴长天的办公室，拉开了故事的序幕。长天集团的辉煌业绩吸引着众多投资者的目光，林星的男友刘文庆亦不例外，他企图通过林星的美貌接近长天集团高层。对此感到愤怒的林星，决定采取报复行动。

在宴会上，林星身边多了一位自诩为她男友的吴晓，吴晓风度翩翩，引得刘文庆又气又急，最终导致刘、林二人分手。林星感谢吴晓的帮助，吴晓却提出了一个出人意料的要求，要林星假装他的女友。

此后作为吴晓的女友，林星深入他的世界，发现了一系列令人震惊的真相。原来，吴晓是长天集团总裁吴长天的独生子，且正在被梅市长的独生女梅珊热烈追求。吴长天对林星的存在表示愤怒，给了儿子一个耳光。

吴长天无法接受吴晓和林星的这段爱情，他期望儿子的婚姻能为集团带来转机。在公司产权界定的关键时刻，他绝不允许林星打乱他的计划。然而，一连串的意外尚未令林星完全适应，股票市场的暴跌已使刘文庆一夜返贫。愤怒的刘文庆将所有怨气发泄在林星身上，而吴晓则默默守护在她身边，给予她无尽的关怀。

吴晓与林星因叛逆的天性而迅速拉近了距离。然而，一场爱情的悲剧也随之悄然上演。林星不幸患上了严重的肾病，两人开始用生命去捍卫他们的爱情。吴长天原计划在寿宴上感受公司产权确立和儿子归来的双重喜悦，然而，一场突如其来的意外打破了所有的计划。手下李大功和郑百祥在嬉闹中失手导致秘书艾丽死亡，艾丽的失踪引起了广泛关注。吴长天在处理一系列错综复杂的案件时，一再犯错，最终将自己推向了死亡的边缘。

吴晓无法接受父亲的死亡，选择出走。林星坚守着他们的誓言，苦苦等待着他的归来。这段爱情经历了严酷的考验，却依然坚韧不拔。

2. 文学剧本

文学剧本的编写需要遵循一定的结构和规则，包括剧本的开头、发展、高潮和结尾等部分，以及角色的设置、情节的安排、动作说明等细节。在编写过程中，需要考虑观众的接受能力和审美需求，使剧本既具有艺术性，又具有观赏性和实用性。

文学剧本是以场景为基本单元，区分场景的方法包括地点不同、时间变化、天气改变等，一旦构成场景的元素改变，那么就应该算一个新的场景。文学剧本的每个场景都要标注出场景序号、地点、时间、内外景、天气、出场人物，写出场景内的表演内容。

（1）场景序号。标示场景序号，后期剪辑是按照场景号进行的。比如，一部电影第一个场景就标“1”，第二个场景就标“2”；电视剧第三集第四个场景，标为“3—4”。

（2）地点。地点是指拍摄人物活动的范围。场景有粗细之分，有些编剧喜欢细分场景，把一个空间里两个或两个以上视觉发生阻隔的地点细分为新的场景。比如，父母在客厅里吵架是一个场景，儿子在屋子里学习是一个场景，但如果儿子在门后仔细听父母的吵架动静时，有些编剧并不分得这么细，而是算作一个场景，让导演做分镜头剧本时再去细分。

（3）时间。时间一般标为日戏或者夜戏。有时，为了拍摄内容表达的需要，时间标示还可以细分为清晨、上午、午间、午后、黄昏、夜晚、午夜等。

（4）内外景。标示“内”，是指在建筑物里面，也可指其他有遮盖物的空间里面，主要为了区别布光方式，因为内景需要人工布光；标示“外”，则指室外场景，只要头顶没有遮盖物即是外景。外景多使用自然光源，但也可以辅助人工布光。有时标示为“内外”，常常用于场景中有外景也有内景的情形，目的是不将场景分得太碎。

（5）天气。一般天气标明晴、雨、雪，或其他天气情况，尤其有特别天气要求的，需要特别标明。

时间、室内室外、天气标示间一般要空格，如“日 外 雪”，也可以相连起来标示，如“日内外”等。

（6）出场人物。需要标示场景出现的主要人物。

（7）场景内容。场景内容一般包括场景描述、人物外形、穿着及表情、人物的行动表现及情节发展、对白。

文学剧本的场景，还可以包括独白、旁白、字幕、镜头提示、人物表演提示等内容。写作时，剧本内容要尽可能表现出戏剧性，场景内容必须富有运动感，文字的描述也要给人以节奏感、镜头感。应根据影视作品的特点，写得形象生动，富有视像性。不要使用小说式的感觉性、心理性的语言来写作剧本。比如，“他心情不好”，显然不符合剧本的语言要求，没有镜头感。这句话需要转化为动作性的内容“他眉头紧皱，一杯接一杯地喝酒”，还可以转化为独白或对话，直接说明心情不好。

文学剧本场景的行文格式要求一个相对独立的内容需要另起一行，任何一个对白都另起一行，对白不用引号。

以下是今村昌平编剧的日本电影《鳗鱼》剧本开头片段。

1．1988 年夏　新宿区新市中心　白天

俯瞰，摩天高楼中，街道宛如山谷间的羊肠小道纵横交错，汽车在小道上穿梭来往，井然有序。

2．近景某高楼一角　白天

楼顶广告牌“日出制粉公司”。

3．高楼中　公司办公室　白天

电脑台坐着二十多位职员在办公。山下拓郎面对眼前的计算机毫无表情地工作着。他胸前别着“山下”的胸牌。

4．公司大门　下班时分

商社职员们拥出大门。拓郎提着公文包走在人群中。

5．地铁新宿车站　小田急线站台　晚上

电车进站，拓郎随人流旋涡挤进电车车厢，倚着车壁从口袋里掏出张信纸在读。

信封特写（画外音）：没有寄信人姓名。

信纸内容特写（画外音）：突然给你写信，很对不起。我是住在你家附近的人。你也许并不认识我，可我给你写了这封信。其实，我是想谈谈你夫人的事。她有不正当的男女关系，这绝不是开玩笑的……

6．地铁车厢内　晚上

拓郎想：这有些像女人的字体。

电车启动了。车窗外一片鲜艳夺目的商厦彩条广告之后，便是一片漆黑。

拓郎坐在座位上不自然地把目光移向窗外，若有所思。

信纸与拓郎的叠印：（旁白）她有不正当的男女关系，这绝不是一个玩笑。

7．远景　行驶中的电车　傍晚

电车穿过多摩区。拓郎下车，快步奔上山坡住宅区的街道。

8．大全景 傍晚

盘山路旁绿色丛林分散着一些古老的木板平房。白色的木栅栏将房子围成一个个小圈圈。

9. 山坡平房住宅区　傍晚

拓郎沿着木栅栏的路走过来。木栅栏前一位中年妇女邻居迎上来打招呼。

邻居：啊！您这么早就回来了！请等等！

拓郎一愣，觉得有些奇怪。平时怎么没注意呢。

拓郎沿着狭小的院子转进厨房。

系着围裙的惠美子正在厨房煎鸡蛋，头也不回地：你回来了。你没说准备饭盒吧？今儿晚上去钓鱼吗？

拓郎“嗯”了一声，闷闷不乐地径直向里屋走去。

厨房里的惠美子在灶边边煎鸡蛋边问：今天去钓什么？

拓郎（画外音）：鲈鱼和绸鱼？

惠美子：那，明天吃生鱼片吧。

换上了工作服的拓郎从里屋走出来。他手里拎着鱼竿。

惠美子边装着饭盒边问：晚上冷吗？我看还是得穿外套。

拓郎“嗯”着又返回里屋。

惠美子在灶台前忙着包饭盒．顺口问道：你要钓到明天什么时候？

从里屋出来的拓郎边穿黄色外套边走到屋前台阶上坐下来。他顺口答道：和平常差不多。

惠美子笑着站在拓郎背后递上饭盒说：祝你大丰收！

惠美子帮拓郎拉好衣领。拓郎接过饭盒说了声“我走了”，背起包抄近路下山了。

惠美子目送着他。

10. 海边　夜

浪花拍岸。钓鱼俱乐部的面包车驶抵海边。漆黑的夜。防波堤上拓郎和朋友们在夜钓。

特写：手腕上的手表。

拓郎收拾渔具，钓鱼同伴回头问：哟，山下，你怎么收竿了？

拓郎不答话，闷头收拾渔具。而后，他拿出惠美子做的三色盒饭递给身旁的人说：你要是喜欢的话……

渔友：这行吗？

拓郎：行！

渔友：下星期还来吗？

拓郎：还来！……我先走了。

文学剧本的格式可以有不同变化。有的剧本格式像话剧剧本一样，基本上由人物对话组成，而环境描写、人物肖像、心理活动等提示性语言并不占主要部分，看起来非常简洁。下面是康尔编剧的电视连续剧《紫玉金砂》第一集的开篇。

1—0 北京王府 夜—内

门口响起了枪声。

潘太太紧张地听着门外的动静。

窗口闪过一人影。潘太太吹灭了火烛。

门口的人急促地敲门。潘太太惊恐地僵持着——

门口的人声：开门，快开门！

潘太太：谁？

潘四公子：妈，是我。

潘太太匆匆开门，潘四公子闪身进门。

潘四公子：妈，街上正在抓乱党。连醇王府前也都布满了探子。

潘太太：你大舅的门前，他们都敢布人。见到你大舅了吗？

潘四公子：没有。大舅在宫里，听我表哥说，已经两天没回府了。他带信给父亲，说时局太乱，谗言四起，许多人盯上了两淮盐运使这把交椅，让父亲千万不能此时出什么差错。

潘太太：你父亲是朝廷的功臣。这些年来，老佛爷向洋人的借款、赔款拿什么做的抵押？不都是两淮的盐税嘛。

潘四公子：大舅提醒必定有其道理。

潘太大：你爸是个壶痴。他前两天来信说，要办个什么壶艺大赛。都这时候了，还有这份雅兴。依我看，你马上动身去趟扬州，把京城的局势向你父亲通通气，顺便把你铺子里的事也说说。

潘四公子：母亲所言极是。孩儿明日即刻动身。

这一段场景很短，但是交代的内容极多，简单地通过门口并不应出现的枪声暗示了局势的紧张，并且顺理成章地引出人物对话。在人物对话中介绍了社会背景、人物、主要矛盾、全剧冲突点，最后还顺承了下面的情节，可以说出色而又经济地完成了开篇任务，在此基础上又能完成引出矛盾、引出情节、暗示全剧主题和走向的任务，看起来有声有色，甚是精彩、有趣。

当然，为了拍摄方便，可以有一些个性的剧本编写样式，但是不论是哪种样式，都应该符合剧本的内容要求，并且让合作者能够看明白。

从格式上也能看出剧本的一些基本要求。例如，人物的动作基本是一个人一个人进行描述的，一般一个人的行动就是一行字，最多就是一行多一点的字数。而人物说话，内容一般不会超过四行（个别特殊故事除外）。

3. 分镜头脚本

分镜头脚本是指导演根据视频作品主题、理念、风格、投资预算及其他特殊需要，将文学剧本改为分镜头的脚本形式，以用于导演拍摄时的现场调度，指导整个摄制工作的统筹安排。

分镜头脚本和文学剧本完全不同，文学剧本具有案头阅读的价值，而分镜头脚本则是导演的工作台本，对于普通读者来说，不具备阅读的价值。分镜头脚本是演员和所有创作人员领会导演意图、理解剧本内容、进行再创作的直接依据。

数字视频作品的分镜头脚本，通常采用表格的形式（表2-4），包括场景号、镜头号（简称镜号）、机号、景别、摄法（镜头运动方式）、组接（镜头剪接方式）、时长、画面内容、解说、画外音、台词、音乐、音响、备注。

表 2-4 分镜头脚本样式

场景号	镜头号	机号	景别	摄法	组接	时长	画面内容	解说	画外音	台词	音乐	音响	备注

（1）场景。场景指的是与文学剧本相对应的场景，在实际拍摄时，一定要分得十分详细。分为场景 1、2、3、…，在分镜头脚本中直接填写场景号即可。

（2）镜头号（镜号）。镜头号并不是现场镜头拍摄顺序，而指镜头编排顺序。

（3）机号。如果有几台机器同时拍摄，那么就要标明机号。如果单机拍摄，无需标明机号。

（4）景别。指镜头采用的景别，包括远、全、中、近、特写等景别。如果有镜头内部的景别变化，也要标明，如从全——近，从中——近。

（5）摄法（镜头运动方式）。摄法指拍摄技法、方式，比如仰拍、固定镜头，也可以详细描述镜头拍摄过程。

（6）组接。指的是前后镜头如何组接，表明剪辑技巧，切镜头一般不用写，但使用淡出、淡入、叠画等方式特效时，可以标明。

（7）时长。时长是该镜头计划所使用的时间长短，通常以秒 (s) 为单位。

（8）画面内容。画面内容指拍摄的主体对象，描述语言通常简洁明了。

（9）解说。指的是解说词。

（10）画外音。画外音是指不是由画面中的人或物体发出的声音，而是来自画面外的声音，可以是旁白、独白、解说，也可以是画外音响。

（11）台词。台词是人物的对白或独白。两个或三个以上人物的对话，称为对白。一个人自言自语称为独白。

（12）音乐。标明所配的音乐。

（13）音响。环境声音。

（14）备注。即编导需要特别注重的其他任何事件。

表 2-5 中的内容，在实践运用中并不需要完全体现，而是根据实际需要而定。例如，辽宁师范大学数字媒体艺术专业学生戴佳琦在创作分镜头脚本《蛹》时，将摄法分解成镜头运动和角度两部分，可以更方便指导拍摄；将人物对话整合到画面内容中，省略了台词行（表 2-5）。分镜头脚本《蛹》的镜头拍摄效果见图 2-28~ 图 2-33。

表 2-5　分镜头脚本范例《蛹》（节选）

场景	镜号	景别	镜头运动	镜头角度	时长	画面内容	音乐	音响	备注
一	1	远景	前移	俯拍	6s	城市高楼大厦		警铃声远到近	
	2	近—中景	正面—跟	平	6s	郑直打开审讯室的大门走了进来，林墨跟在身后		环境声	
	3	中近景	固定	平	2s	郑直和林墨在桌子两边坐下			
	4	近景	固定	平	5s	郑直：别紧张，就问一些基本问题，你昨天一直和死者在一起吗		环境声	
	5	近景	固定－过肩	平	12s	林默：是的，昨天我们有早上八点的课，一早就去上课了，中午在一起休息吃午饭。昨天不是万圣节吗，有一个化妆舞会，我们晚上就一起参加舞会去了		环境声	

图 2-28　分镜头 脚本《蛹》镜头 1

图 2-29　分镜头 脚本《蛹》镜头 2-1 镜头起幅

图 2-30　分镜头 脚本《蛹》镜头 2-2 镜头落幅

图 2-31　分镜头 脚本《蛹》镜头 3

图 2-32　分镜头 脚本《蛹》镜头 4

图 2-33　分镜头 脚本《蛹》镜头 5

在短视频创作过程中，如果制作团队人数较少，制作周期短，视频制作并不复杂，那么分镜头脚本也可以做得简单一些。如果是长视频的制作，或者是团队人数多、制作精良的视频，最好还是将分镜头脚本分得细致一些，并将分镜头脚本提前做成故事板，以指导实际拍摄。

4. 故事板

在分镜头脚本创作完成之后，为了进一步直观展示镜头效果，导演可以采用绘制故事板的方式，指导工作人员开展创作。

故事板的英文为“Storyboard”，有时译为“故事图”，原意是安排电影拍摄程序的记事板，指在影片的实际拍摄或绘制之前，以图表、图示的方式说明影像的构成，将连续画面分解成以一次运镜为单位，并且标注运镜方式、时间长度、对白、特效等。故事板也被称为“可视剧本”（visual script），可以让导演、摄影师、布景师和演员在镜头开拍之前，对镜头建立起统一的视觉概念。

随着数字媒体的发展，故事板不仅局限于电影制作领域，它已经扩展到动画、游戏设计、广告制作等多个创意行业。故事板作为沟通的工具，使得创意团队能够更直观地理解导演的意图。根据故事板，摄影师可以预先规划出每个镜头的拍摄角度、光线和构图，布景师可以准确地布置场景，演员则可以提前熟悉他们的动作和台词。这种可视化的剧本不仅提高了制作效率，还保证了最终作品的连贯性和一致性。

例如美国电影《音乐之声》的故事板（图 2-34），对于一场比较重要的多人的场面调度，运用故事板将复杂的场景描绘出来。故事板不是对构图的简单描述，还加入色彩，设计了背景、造型、演员动作，对摄像和服装、化妆、置景等工作都起到指导作用，与

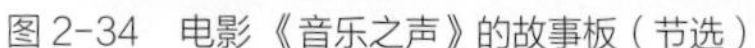

图 2-34　电影《音乐之声》的故事板（节选）

最终的画面拍摄效果对比，故事板的还原度极高（图 2-35、图 2-36）。

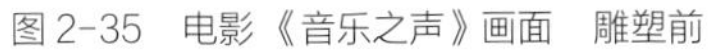

图 2-35 电影《音乐之声》画面 雕塑前

图 2-36 电影《音乐之声》画面 铁门前

故事板的绘制可以是非常简单的线条描绘，如徐克导演在电影《狄仁杰之通天帝国》中的故事板设计（图 2-37）。

图 2-37 电影《狄仁杰之通天帝国》的故事板

现在故事板的制作已经和数字特效技术紧密结合在一起了，三维故事板可以用来绘制场景，也可以模拟摄像机运动，指导特效拍摄，例如电影《黑客帝国》中的三维故事板设计（图 2-38）。

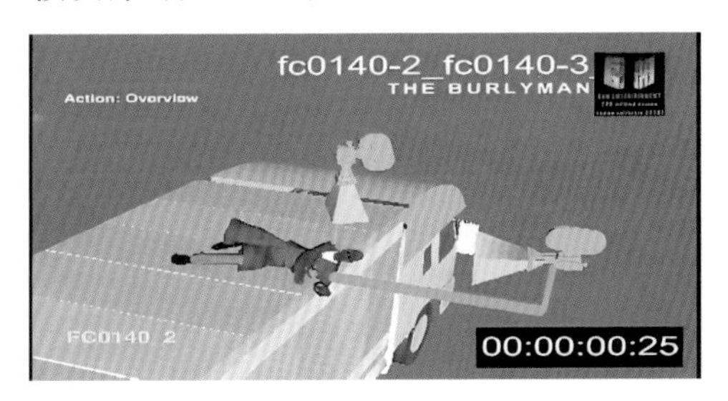

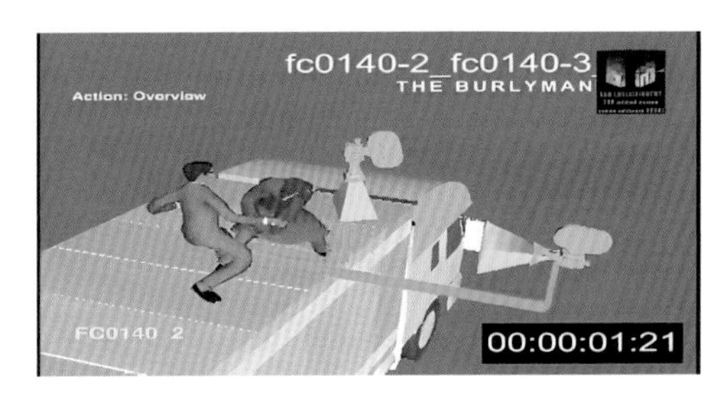

图 2-38 电影《黑客帝国》的三维故事板

故事板应与镜头相对应，与服装、化妆、道具、美工等部门工作相对应。

创作故事板可以帮助团队更好地理解和呈现导演的创意，也对数字视频作品控制规模和预算、视觉特效的预览和剧组实际工作指导起到了重要的辅助作用。

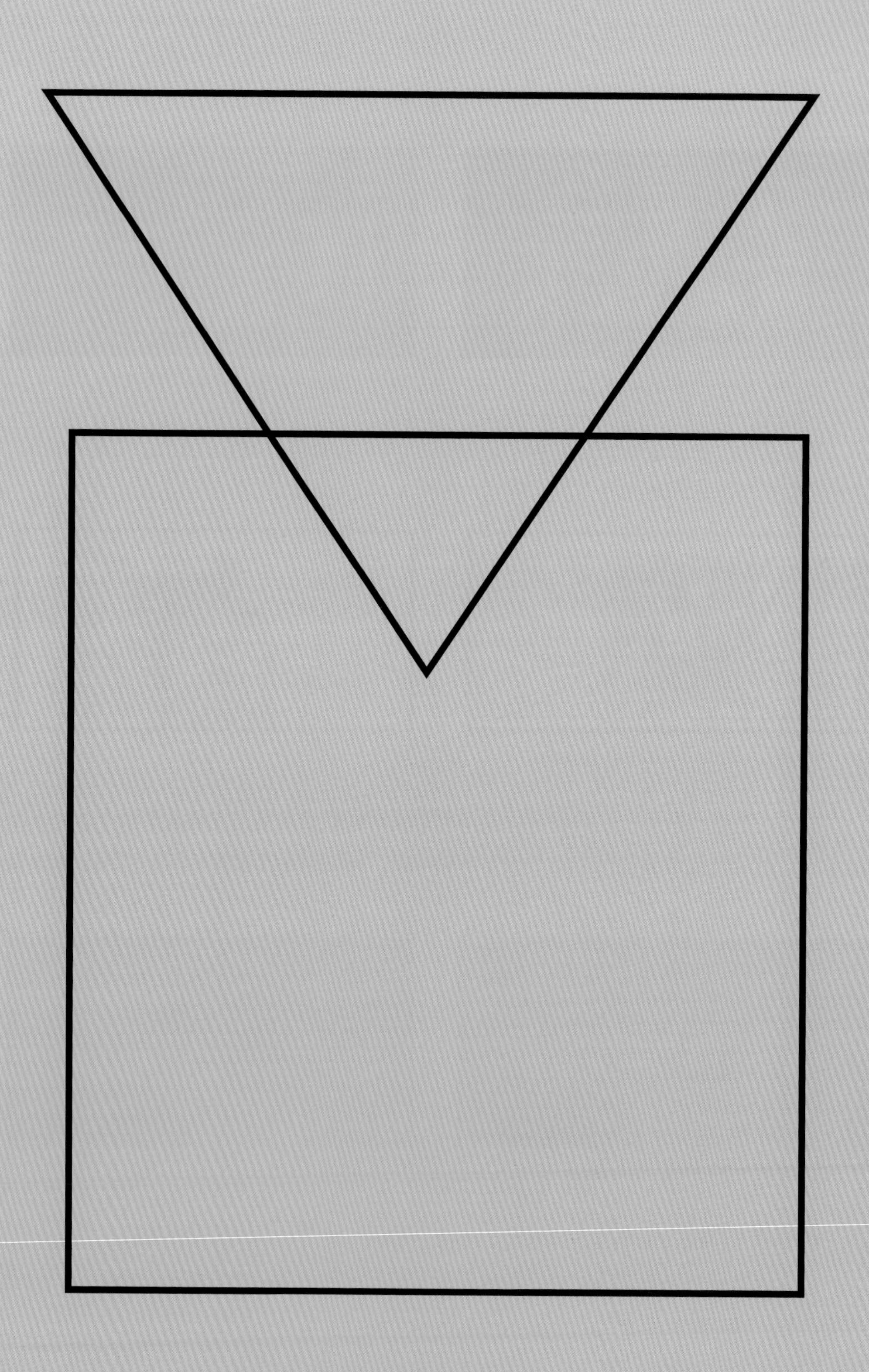

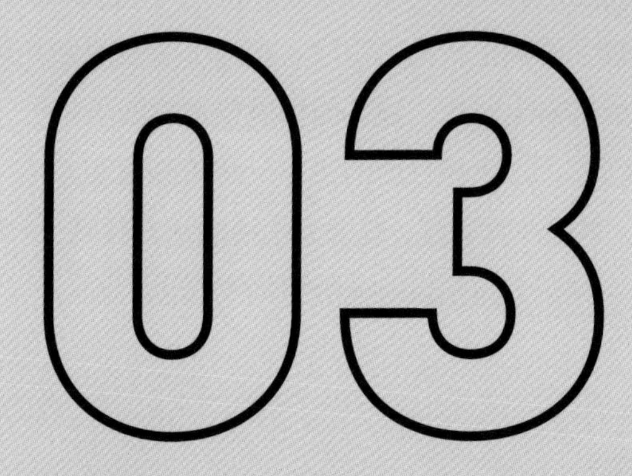

第三章

数字视频编辑与制作中期：拍摄

FILMING

DIGITAL VIDEO EDITING AND MID-PRODUCTION

在前期策划工作完成之后，接下来便进入数字视频正式拍摄阶段。在这个阶段要完成视频作品所有镜头的拍摄，以便后期剪辑，最后输出成片。镜头的拍摄要遵循视听语言规律。视听语言是以影像和声音为载体传达创作者思想和目的的语言，是用画面和声音进行表意和叙事的语言形式。从大的方面说，掌握视听语言，既要掌握视觉语言技巧，也要了解声音语言，两者相辅相成、有机协调，并在实际拍摄时能做好场面调度，确保拍摄顺利完成。

第一节　视觉语言基本技巧

镜头画面的构成元素包括构图、景别、角度、视点、景深、布光、色彩等，是构成画面造型的基础，与镜头的运动、镜头长短结合，构成最重要的剪辑因素。中期拍摄的镜头只有充分运用镜头的画面造型功能、运动功能，才能将前期策划的内容以视听的形式还原出来，为后期剪辑打下良好的基础。

一、画面元素

1. 构图

构图是指将画面中的各个元素进行合理的排列和组合，以创造出具有吸引力和表达力的视觉效果。构图是导演通过选择拍摄角度、光线、焦距等要素，以及安排画面中的元素，如前景、中景、背景等，来展现自己的视觉观点。好的构图可以使画面传达的意义更加准确。

首先，视频作品的构图要注意画面的美感，使拍摄主体富有吸引力（图 3–1）。如果镜头拍摄得不够美，那就不应放到作品中去。

其次，构图要注意突出主体，利用构图元素将观众视线吸引到主体上，尤其当主体和陪体同时出现在画面中，更要注意主次分明（图 3–2）。

图 3–1　美国电影《2001 太空漫游》宇航员穿过船舱
利用线条和形状将视线引向画面中心点宇航员，白色与红色形成对比。

图 3–2　英国电影《傲慢与偏见》
在多人场面中，其他人置于焦点之外，或者不正面出现，保持观众视线一直在女主人公身上。

最后，要利用构图传递出主题思想。比如用平衡的构图建立对等关系（图 3-3），用画面内的元素构成大小、形状对比可以揭示画面背后的本质（图 3-4）。

图 3-3 爱尔兰电影《迪厅男孩》平衡构图
平衡构图不仅为了追求画面美感，也是为了表达影片寓意。

图 3-4 美国电影《辛德勒名单》台灯暗示力量对比
画面中辛德勒以高姿态试图占据谈判主动权，但失败了，直到他改变为平等态度才达成谈判。画面中辛德勒一边的台灯高于另一边台灯，暗示辛德勒依然占据主动权。

2. 景别

景别是指被摄物（主要指人）在画面中占据的位置大小。景别是一个操作概念。在拍摄中，景别大致分为远景、全景、中景、中近景、近景、特写和大特写，不同的景别有不同的功能。

（1）远景景别。远景景别适合拍摄广阔的空间、自然景色或广大群众活动场面。远景景别中人在画面中所占比例很小。远景的主要功能是交代环境、气氛，展示风光、情景，显示景物轮廓等（图 3-5）。远景通常用在开场，也可以用在结尾，奠定故事基调，或是展现大场面镜头。

图 3-5 美国电影《三块广告牌》远景
结尾母亲开车驶离三块广告牌，远景 + 广角 + 升镜头，汽车很快驶出画面，只剩广告牌静静矗立原地。

（2）全景景别。全景景别拍摄人物全身，既能够看清人物全貌，也能够展现出人物所处的周围环境或自然景色。全景一般用来表现一个场景的整体（图 3-6）。全景的功能主要是表现环境。在全景景别中观众能够识别出人与景的关系。拍摄群众场面和大场面的全景景别一般为高机位。全景镜头因信息量大，所以镜头长度不能太短。与特写相比，全景镜头节奏缓慢，不善于表现运动。演员在全景画面中表演会有舞台化的倾向。

图 3-6 意大利电影《西西里美丽传说》全景
全景不仅让观众看清人物的全身，更重要的是看清人物与环境的关系、环境对人物的影响。

（3）中景景别。中景景别拍摄人物膝部以上的画面，是一个处于非亲密状态的社交距离的景别，给人物以较大的身体活动空间。中景景别既展现人物活动又能展示环境，适于拍摄人物在室内或一定范围的活动（图 3-7）。

（4）中近景景别。中近景景别主要拍摄人物腰部以上半身活动，呈现出的镜头画面既有动感又能与人物产生亲近感。与中景相比，中近景更适合表现对话场景，可以作为全景与特写之间的景别过渡，是最常规的叙事景别，处于全景与特写的中间景别，但略显中庸（图 3-8）。

图 3-7 美国电影《怦然心动》中景
中景景别可以看清人物的动作，给人物行动留下较大空间，同时又可以看清人物所处的环境，但环境因素与全景镜头相比不那么重要了，主要目的是看清小范围的人物运动。

图 3-8 美国电影《怦然心动》中近景
中近景景别既可以看清人物的动作，又是一个比较适合保持社交距离的谈话的景别。

（5）近景景别。近景景别拍摄人物胸部以上的画面，既能够看清楚人物的面部表情，也能带上一部分人物的运动，但几乎不表现人物所处的环境。在对话场面中或者注重表达人物的情绪时，近景景别用得较多，以展现人物为主，可以消除观众与人物的距离（图 3-9）。

（6）特写景别。特写景别主要拍摄人物肩部以上的画面，或把强调的物体占满屏幕。特写通常是一组镜头的着重点，能够强调人物表情、心理状态上的细节和特点。特写景别具有强烈的艺术效果（图 3-10）。近景景别和特写景别可以让观众失去画面的方向感，常用于转场、越轴。

图 3-9　美国电影《怦然心动》近景
近景景别是拍摄人物时常用的景别，是比较舒服的、能让观众产生亲近感的景别。

图 3-10　美国电影《怦然心动》特写
特写景别是与人物极其亲密的镜头，如果是正面人物会让观众产生亲近感，但如果是反面人物会引起观众反感。

（7）大特写景别。大特写景别表现人脸的局部或拍摄对象的某个细节，如眼、嘴、额头等，清晰地展示物体的细微之处。大特写景别将人们平时注意不到的细节夸张地展现出来，可以细致到人的指纹、昆虫，甚至细菌。大特写景别能产生不同寻常的艺术冲击力（图 3-11、图 3-12）。

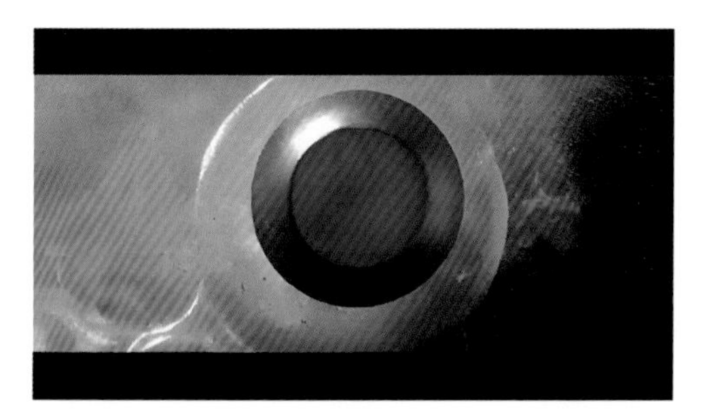

图 3-11　美国电影《杀死比尔 1》子弹大特写
大特写将平时看不到的事物展示给观众，有力地强调了这个场景。

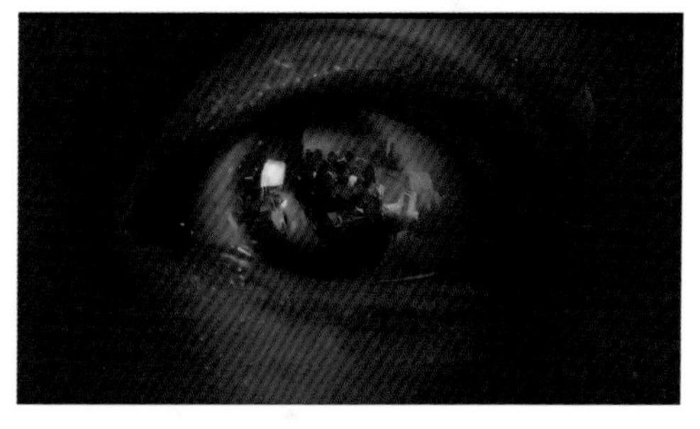

图 3-12　电影《夏洛特烦恼 1》眼睛大特写
对眼睛的大特写，强调了人物惊讶的状态，并用人眼反射出教室场景，将场景喻意与主人公紧密相连。

3. 角度

镜头拍摄的角度是以人的视线为基础的，分为平角（平拍）、俯角（俯拍）和仰角（仰拍）三种角度变化。

（1）平角（平拍）。平拍是指摄像机与拍摄对象在同一视线高度上。平拍是拍摄时最常用的拍摄角度，因为平拍的角度与人眼平时观察世界的角度一致，拍摄出来的画面观感自然、平和，具备纪实性特征。相对而言，平拍镜头表现力较弱，构图易死板，缺乏镜头张力。

（2）仰角（仰拍）。仰拍是指摄像机低于被摄物，摄像机从下向上拍摄的角度，相当于人抬头观看的效果。仰拍可以突出被摄物的优势感，赋予被摄主体力量感，画面效果强烈（图 3-13）。

（3）俯角（俯拍）。俯拍是指摄像机高于被摄物，从上向下进行拍摄，相当于人低头向下看。俯拍将被摄人物变得渺小、压抑（图 3-14），也可以对人物充满同情（图 3-15、图 3-16）。

仰角和俯角都是不正常的拍摄角度，如果俯角拍摄和仰角拍摄结合，画面力量对比最为强烈（图 3-17、图 3-18）。

图 3-13　美国电影《怦然心动》仰拍、远景
仰拍角度可以增加被摄主体的力量，但画面如果变形较小，就可以只作为主观视角模拟眼睛看到的景象。

图 3-14　美国电影《银翼杀手》俯拍、全景
这是令人印象深刻的镜头，雪作为片中隐喻的线索大面积出现在画面中。男主角第一次感受真实的雪，故事也到了结尾。

图 3-15　美国电影《公民凯恩》俯拍、中景
记者采访老年的苏珊，苏珊态度不逊，但这个段落一直采用俯拍，对人物充满同情。这是记者的态度，也是导演对于这个人物的怜悯。

图 3-16　美国电影《公民凯恩》俯拍、中近景
这是苏珊与凯恩对话时的画面。这个俯拍不仅是导演对人物的同情，作为凯恩的主观视角可以看出凯恩对苏珊一直是看低的，并没有平等对待她。

图 3-17　美国电影《惊魂记》俯拍、近景
借用人物爬山的动势，设计对人物的俯拍镜头。俯拍与仰拍镜头形成力量上的最大反差对比。

图 3-18　美国电影《惊魂记》仰拍、全景
借用人物爬山的动势，设计对山坡上房子的仰拍镜头。主观视角的仰拍镜头表明人物的心理压力。

4. 视点

镜头视点分为主观视点和客观视点，也有称主观视角和客观视角。

主观视点通常指的是观察者的个人视角和感受，它受到观察者的经验、情感、价值观等因素的影响。主观视点模拟人的视点，常使用俯角或仰角，既可以表现剧中人的主观视线，体验剧中人的视觉经验，将剧中人视线与观众视点合一，获得观众的认同；也可以模拟导演的视点，表现导演的创作意图，展现客观视点不能注意到的一些特殊之处。主观视点的镜头一般称为主观镜头（图 3-19、图 3-20）。

图 3-19　美国电影《巴顿 · 芬克》主观视点
主观视点通常先拍摄人物，表现人物在看，下一个镜头画面就是人物主观视点所看的内容。

图 3-20　新西兰电影《钢琴课》主观视点
表现主观视点镜头也可以先出现画面，再出现人物的脸，观众仍然可以明白上一个镜头是人物的主观视点镜头。

客观视点则强调观察的客观性和普遍性，以客观事实为基础，优点在于能够清晰、准确地表达事实。

5. 景深

景深是指所摄镜头的前景延伸到后景的清晰范围。景深的大小是指距离镜头最近的清晰影像到最远的清晰影像之间的距离。景深的大小由三个要素决定：光圈、焦距、物距。焦距长，景深短；焦距短，景深长；光圈小，景深长；光圈大，景深小；物距近，景深浅；物距远，景深深。在实践操作时，注意调整光圈、焦距、物距，以获得理想的景深镜头。

景深镜头表现为两种情况：一是主体清晰的小景深镜头，也称为长焦镜头；二是全部清晰的全景深镜头，也称为广角镜头。

（1）小景深镜头。小景深镜头是指在一个画面内设置了清晰区与模糊区，就是画面的前景和后景，一个呈现出清晰的状态，一个呈现出模糊的状态。小景深镜头可以清晰分辨出画面中需要注意的主体。

在实践操作中，可以用模糊的背景突出前景，起到强调的作用；也可以用改变焦距的方式，将清晰区与模糊区进行互换，作为视点的转换，或主题隐喻（图 3-21、图 3-22）。

图 3-21　日剧《人生删除事务所》特写——前景虚焦
虚焦镜头将观众视线引导到特定对象身上，前后景形成的是本体和喻体的隐喻关系，可以先将焦点放在喻体，也可以先把焦点放在本体。

图 3-22　日剧《人生删除事务所》特写——后景虚焦
通过转换焦点的方法将天平与男主人公联系在一起，隐喻男主人公的理念，先出现天平，观众则提前明白了男子接下来的回答。

（2）全景深镜头。全景深镜头没有清晰区与模糊区的区别，画面中的前景和后景同样清楚。因此可以在全景深镜头中设置前景、主体、后景三个表演区域，人物可以在深度空间内进行表演。这让观众能够同时看到每个人物对同一事件的反应（图 3-23、图 3-24）。

图 3-23　美国电影《公民凯恩》全景深镜头
画面前景、中景和后景三部分都保持清晰，观众能看清三处的人物表演。母亲正在签署送走儿子凯恩的协议，而幼年的凯恩还在远处无忧无虑地玩耍，并不知道他的人生即将改变。

图 3-24　美国电影《怦然心动》全景深镜头
全景深镜头可以看清事件场景中所有人物的反应，但比分切镜头节奏慢，可以用来调节节奏。

小景深镜头与全景深镜头相比，全景深镜头有较大的视角范围，在获取一个相同的景别时，不同焦距涉及不同的空间内容，形成不同的空间关系。例如，全景景别中，广角镜头会夸大任何接近或远离摄像机的动作，朝摄像机跑来的人，要比预期更快地到达。长焦镜头正好与之相反，长焦镜头把远处的物体拉近给观众，压缩画面内的纵深空间，使得朝摄像机跑来的人看起来像在原地踏步。这种画面处理方式可以被用来增加悬念、暗示结果（图 3-25）。

图 3-25 美国电影《毕业生》长镜头
这是一个表现人物跑步过程的长镜头，前半部分人物在从画面后景笔直跑向前景，因画面的纵深空间被压缩，所以向着镜头跑来的人物像是花费比预计要长的时间跑过来，但随着人物改变跑步方向，由画面右侧跑向左侧，跑步的速度立刻加快了。

6. 布光

数字视频作品拍摄过程中，需要为场景提供足够的照明，让观众清晰地看到被摄物体，保证拍摄的画面质量。从创作者的角度来说，将提供照明这项工作称为布光。

布光的基本功能是为画面拍摄提供必需的基本亮度，让观众清晰地看到被摄主体，保证数字视频作品画面的质量。

布光的高级功能是指通过合理布光，准确表现被摄物体的形态轮廓、材质以及结构，展现场景中的时间感和空间感，增强视觉效果，烘托气氛。

（1）光的分类。生活中的光源分为两大类，一类是自然光源，另一类是人工光源。在布光工作中，可根据光的性质、光的主次和光的方位对光进行划分。

① 按照光线的性质划分，可分为散射光和直射光。光的性质能够决定物体造型的力量。散射光也称软光，它的明暗反差小，阴影不是很明显；直射光也称硬光，与散射光相比，明暗反差大，阴影明显。

② 按照光线造型的性质划分，可分为主光和副光。主光是被摄物的主要光线，主光决定着一个场景中总的照明的格局。主光多用硬光，硬光使被摄物有明显的阴影。副光是辅助主光的光线，主要用来对主光照明被摄物所产生的明显阴影提供适当的照明，通过副光还能使被摄物的阴影部分具有一定的造型效果。辅光多用软光（散射光），光照度低于主光。

③ 按光位划分，可分为正面光（顺光）、侧面光（侧光）、逆光、顶光、脚光（底光）等。不同方位的光源，可以使同一个物体表现出不同的造型形状。

a. 正面光（顺光）指正面水平方向的光源。加强正面光，可以使人物看起来紧贴在背景上，减弱空间的深度感、立体感，因此也被称为“平面光”。正面光易于较完整地交代一个平面形象或者细节，如演播室里进行的新闻、谈话节目（图 3-36、图 3-27），常常使用正面光，主播的形象显得与背景合而为一。它的缺点是容易使画面呆板。

图 3-26　电视新闻节目演播室主持人画面
电视演播室节目的布光方式要求亮、平。

图 3-27　电视谈话类节目演播室画面
演播室布光要求舞台灯光明亮，主持人和嘉宾面部无阴影。

b. 侧面光（侧光）指侧面水平方向的光源。侧面光与正面光的效果相反，加强侧面光，可以加深空间的深度感、立体感，因此也被称为“立体光”。在拍摄人像时，侧面光有助于把人物形象刻画得更生动，使被摄物富有层次感。

c. 逆光指背面水平方向的光源。逆光也称“轮廓光”，如果只有逆光，我们就可以看到被摄对象的剪影效果。强烈的逆光，会使被摄对象突出，显得可怕；柔和的逆光，会使被摄对象显得神秘动人。

d. 顶光是从头顶上垂直照下来的光线，往往会制造一种丑化对象的效果。

e. 脚光（底光）是从人的脚下垂直照上来的光线，往往会使被摄对象显得残暴。

（2）光的应用。电视播出的画面是偏明亮的，电影画面则讲究光的明暗对比。例如，在电影《教父》开头，为塑造教父形象，运用顶光对教父面部造成较大的对比度和较深的阴影，塑造了阴暗的人物形象和心理活动（图 3-28）。与此相对的，明亮柔和、对比度小的光线能塑造出轻松、正面、喜悦等正面情绪（图 3-29）。

图 3-28　美国电影《教父》人物顶光
顶光是不同寻常的布光方式，着重刻画人物心理。

图 3-29　韩国电影《假如爱有天意》布光明亮
在雨天仍采用明亮柔和的布光塑造轻松、喜悦的情绪。

布光在实际应用中，可以利用光线引导观众注意力，引导观众的眼睛注意到特定的位置（图 3-30）。也可以利用特定布光方式揭示和刻画人物心理及形象，突出和升华作品的主题（图 3-31）。光线可以隐喻善良或邪恶。在电影《这个杀手不太冷》中，用无源光重新定位主演杀手莱昂，将职业杀手变为正面形象：当杀手向小女孩敞开大门时，小女孩沐浴在亮光中，赋予这个救人场景的神圣感（图 3-32）。用光对人物行动表示肯定，属于导演的一种隐喻性赞同（图 3-33）。

图 3-30　美国电影《辛德勒的名单》
用光引导观众视线注意人物，并凸显人物的观察视线。

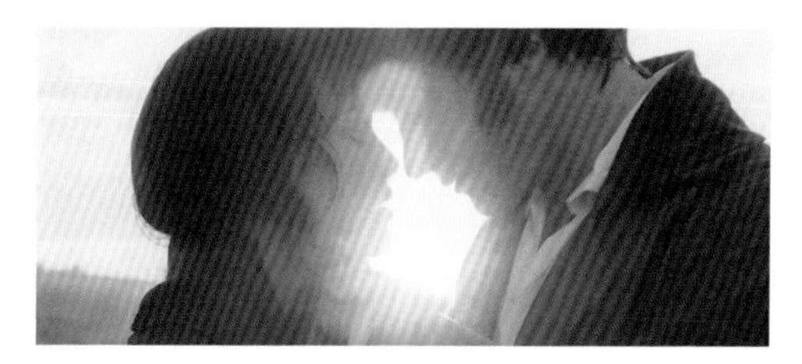

图 3-31　英国电影《傲慢与偏见》
当男女主人公互表心意，清晨的阳光赞扬了他们的美好爱情。

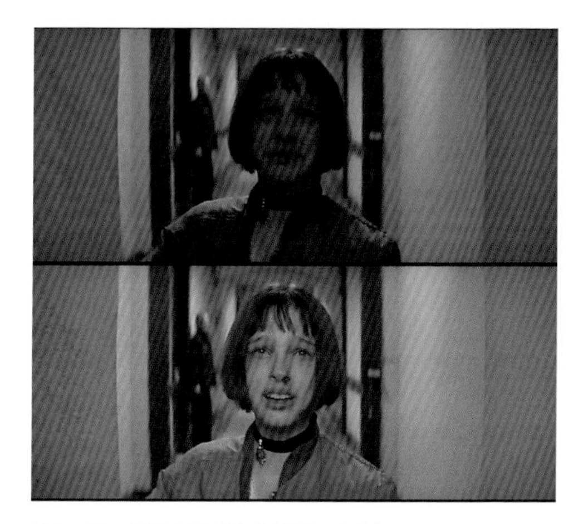

图 3-32　法国电影《这个杀手不太冷》
当杀手开门的瞬间，点亮了小女孩生的希望，小女孩瞬间沐浴在光中。

图 3-33　俄罗斯电影《猎杀 T34》
苏联士兵向求救的德国士兵伸出手，初升的阳光照在他身上，肯定了他的行动，赞扬了他的道德。

布光最具艺术气质的应用是通过控制整个光线基调的明暗、光线的投射方向以及光线对比度等，对刻画人物心理和形象起到重要作用。代表性的艺术性布光方式就是伦勃朗布光。伦勃朗布光也称明暗对比布光，是一种有意形成明暗对比的布光技巧（图 3-34），以聚光灯为主光源，照亮动作区域，而让其他区域消隐在阴影中。伦勃朗布光可以获得更强的戏剧性或更强的生活真实感，通常用在关键场景中，以表现善恶、生死之类的重要哲学问题。

在各种光源中，烛光具有特殊属性，烛光比较柔和，可以修饰人物脸部，形成暖调。烛光可以烘托浪漫、喜庆、和谐的气氛，但如果故事内容是不和谐的氛围，烛光与氛围会形成相反的讽刺效果（图 3-35）。从历史角度来看，烛光跟 20 世纪前联系在一起，具有历史感、仪式感，可作为光明、生命的象征（图 3-36、图 3-37）。

图 3-34　美国电影《小岛惊魂》中的伦勃朗布光
用于展现与生死、善恶相关的哲学问题的思考。

图 3-35　美国电影《美国丽人》中的烛光
精心布置的烛光晚餐，但烛光遮盖不住不和谐的气氛。

图 3-36　美国电影《辛德勒的名单》中蜡烛作为象征
随着蜡烛熄灭，黑暗的战争时代来临了。

图 3-37　美国电影《小岛惊魂》中蜡烛作为道具
蜡烛可以展现艺术感，也可以作为表现灵异现象的道具。

7. 色彩

画面色彩是视听语言中重要的表意元素。色彩的表达有多种不同形式。灯光、布景、道具与服装的色彩，都可以影响画面的色彩，从而构成不同的叙事内涵。

色调是指整部数字视频作品画面中总的色彩，它往往以一种颜色为主导，使画面呈现出一定的色彩倾向。它既是作品视觉氛围的主要组成部分，又是形成作品情绪基调的主要视觉手段。

色彩、色调是数字视频作品呈现视觉化的体现，利用色彩色调可以展现作品的基调，在此基础上与剪辑、音乐等配合，实现视频作品整体的美学表达。例如《哈利・波特》系列电影呈现出青色、黑暗的色调。根据主题的需要，一种色调可以贯穿整部作品，如克日什托夫・基耶斯洛夫斯基执导的系列剧情片《蓝白红三部曲》，以颜色为名，将颜色作为影片主题的象征，也将颜色作为影片主导基调，但并不拘泥于使用颜色滤镜，而是将颜色与剧情巧妙融合起来（图 3-38、图 3-39）。

图 3-38　法国电影《蓝白红三部曲之红》1
没有使用红色滤镜，但红色是影片的重要组成部分，几乎每一场景都会有一抹红色映入眼帘。

图 3-39　法国电影《蓝白红三部曲之红》2
红色的出现不停地提醒观众，影片传达的本质内容正是这不经意中出现的醒目的"红"，代表深情的博爱的红。

根据主题的需要，一种色调可以贯穿一个段落，如张艺谋的电影《英雄》刻意搭建了色彩象征体系（图 3-40）。

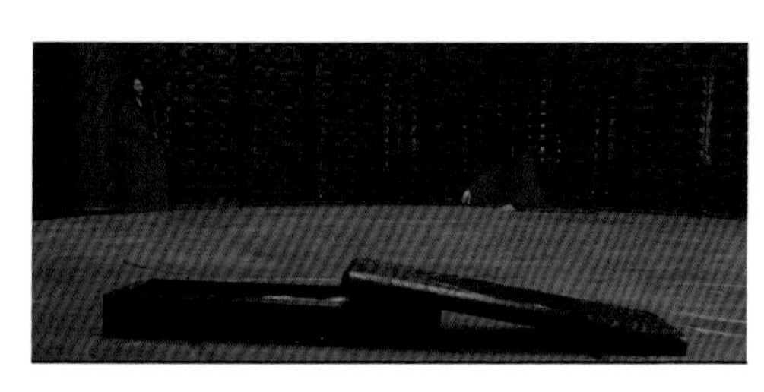

图 3-40　张艺谋电影《英雄》四个色彩段落
张艺谋导演将影片分为四个段落，根据不同主题的需要，一种色调贯穿一个段落，建立了色彩象征体系。
第一种色彩：红色，无名给秦王编造的残剑飞雪的故事。出场人物服装均为红色，与稍暗的红色场景融为一体，构成极强的视觉冲击力。红色在影片中象征妒忌、怒火和痛苦。
第二种色彩：蓝色，当秦王发现无名真实的意图时，心态依然能保持平稳，秦王所想象的完美的残剑飞雪的故事是蓝色的，包含平静、爱情、牺牲。
第三种色彩：绿色，残剑给无名讲述的故事。柔和的绿色也为残剑真实的描述添加了一些祥和氛围。绿色是和平的颜色，是生命的象征。
第四种色彩：白色，残剑和飞雪剑穿双心。通过悲情故事，白色传达了一种纯洁、高尚的心灵与感情。

设计数字视频的色调时，应根据影像的主题和风格，用一种色调贯穿整部作品。例如是用冷色调表现主题，还是用暖色调，还是用不冷不暖的色调；是用黑白为主还是用彩色为主。黑白与彩色对比使用时，黑白通常用来表现过去的、历史的画面，彩色用来表现现代的画面（图 3-41），也有反之使用的（图 3-42）。

图 3-41　美国电影《辛德勒的名单》
用黑白色拍摄历史，用彩色拍摄现实，也隐喻生活由苦难变得幸福。

图 3-42　张艺谋电影《我的父亲母亲》
用彩色拍摄回忆，用黑白色拍摄现实，与常规手法相反，隐喻母亲失去父亲，等于母亲的世界失去了色彩。

二、镜头运动

镜头的运动是镜头构成的重点，镜头的推、拉、摇、移、跟、变焦距等都是镜头运动。固定镜头可以看作是镜头运动的特殊形式，虽然镜头是固定的，但镜头内的表演是运动的，也可以获得视觉动感。

1. 固定镜头

固定镜头是指在拍摄一个镜头的过程中，摄像机机位、镜头光轴和镜头焦距始终固定不变。固定镜头是视频作品中最基础、最重要的一类镜头，也是使用最多的一类镜头。固定镜头的最大优势是画面的稳定性，使观众能够从容地欣赏画面内容。

固定镜头被动地陈述着被摄对象的形态，如果要保持客观叙事，就应多使用客观性更强的固定镜头。固定镜头空间变化小，主要变化在时间上，更强调结果。

用固定镜头拍摄动体的优势是画框不变，动体变，画框变成了固定视角，与动体形成了“以静衬动”的对比。拍摄奔跑、赛车、飞驰的火车等高速运动状态，使用这一技巧特别有效。

短的固定镜头用来交代重要细节或作为过渡镜头，常采用近景景别，单个画面构图追求精致唯美，适合作为动作分切。

固定镜头很容易被拿来与另一个类似构图的固定镜头比较，有助于观众发现其中的变化。在一组固定镜头中，通过比较，观众能了解更多的信息（图 3-43、图 3-44）。

在实际应用中最好的办法是“动静结合”，用运动画面捕捉动感，用固定画面表现冲击力。

图 3-43 新西兰电影《钢琴课》中和谐的双人镜头
镜头中母女同步的动作，十分和谐可爱，展示了母女之间的深厚感情。

图 3-44 新西兰电影《钢琴课》中不和谐的双人镜头
在拍摄婚礼照片的场景中，没有和谐的镜头，意味着两人的婚姻并无感情基础。

2. 推镜头

推镜头简称“推”，是指被摄对象固定，摄像机借助于轨道或自身向被摄主体方向推进，或采用改变镜头焦距，从短焦距逐渐调至长焦距部位的镜头拍摄，使画框由远及近向主体靠近拍摄的镜头。机位移动的推镜头在推的过程中画面有透视变化，观众视觉上有慢慢靠近主体的感觉；而变焦镜头没有透视变化，只是突显所要强调的主体。

推镜头呈现的画面特点是景别上，由远景、全景、中景向近景、特写、大特写景别变化。推镜头用来表现同一对象由远至近，或从多个对象到其中一个对象的变化，被摄主体在画框中变得越来越大，直到镜头停止在某一景别。

推镜头的主要作用是突出主体人物，介绍重点对象，常用于故事开场。推镜头可以用来交代重要的情节线索，有暗示或铺垫作用。推镜头在舞台表演、会议、体育比赛中使用较多，可以看清楚主体在环境中的位置关系。

推镜头速度的快慢，可以影响画面节奏，产生外化的情绪力量。推的速度快，节奏快，可以表现紧张的情绪，反之呈现舒缓的节奏，引导观众探索。匀速的慢推是一种自然的画面表现方式，不易引起观众注意（图 3-45、图 3-46）。

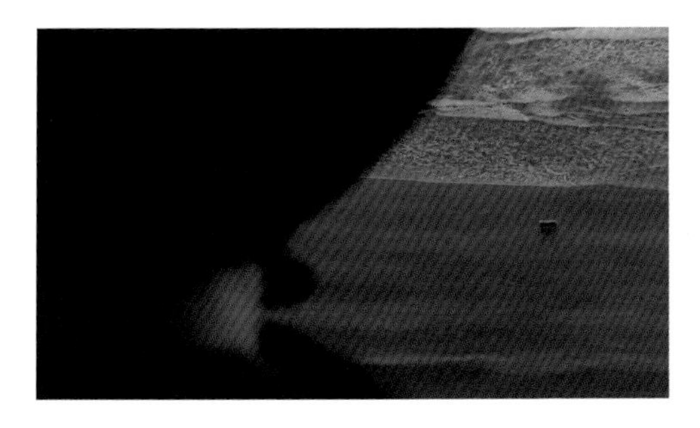

图 3-45 新西兰电影《钢琴课》推镜头起幅
从女主人公身后过肩拍摄远处海滩上的钢琴，缓慢的推镜头配合舒缓的音乐，表现忧郁的心情。

图 3-46 新西兰电影《钢琴课》推镜头落幅
推镜头停留在距离钢琴很远的位置，这也可以看作与钢琴的心理距离。

3. 拉镜头

拉镜头简称“拉”，是推镜头的逆向运动的镜头。拉镜头是指被摄对象固定，摄像机借助轨道或自身向后移动拍摄，可使画面产生逐渐远离被摄主体，或拍摄画面从一个被摄对象到更多被摄对象的变化，使画框由近而远与主体脱离的拍摄方式。从长焦距逐渐调到短焦距部位，用这种方法拍摄也有拉镜头的效果。

拉镜头呈现的画面特点与推镜头相反，镜头从某被摄体特写镜头或近景镜头拉到全景或远景镜头，随着镜头表现范围越来越大，画面呈现的内容越来越多，被摄体在画面中的位置逐渐显现，一般用于客观交代被摄体所处的环境。在视觉上，拉镜头给人的感受是“后退”，可以表达告别、退出、完结等心理效果，可模拟人的远离，常用于影视作品的结尾，给观众逐渐远离的视觉效果。

拉镜头的主要作用为将观众的注意力从细节引向环境，通过镜头在空间中的远离，给观众创造期待和思考的空间。例如电影《美国往事》开头一段，镜头从男主人公脸的特写开始，观众起初不知道他是在哪里，随着镜头拉开，慢慢显现出全景画面，原来是车站，男主人公又回到了纽约，故事正式开始（图 3-47、图 3-48）。

图 3-47　美国电影《美国往事》拉镜头起幅
镜头从男主人公脸部开始向后拉，此时看不见人物所处的具体环境。

图 3-48　美国电影《美国往事》拉镜头落幅
镜头从男主人公脸部开始向后拉，逐渐露出环境的全景，与之前的镜头比较，观众发现男主人公又回到了纽约，而环境发生了很大改变，物是人非。

拉镜头与推镜头在操作和表现上几乎是完全互逆的运动镜头形式，它们却常同时使用，如在舞台、运动比赛中，采用先推后拉或者先拉后推，反复表现同一主角。在场景转换时，也可以使用镜头的推拉方式，比如先将镜头推进被摄主体，然后将镜头逐渐拉出，拉出的时候场景就改变了，适用于相同主体或相似主体的转场。推拉镜头可以增强视觉冲击力，还可以用于表达角色心理变化的过程、营造节奏、表现时间流逝、突出人物动作。在推拉过程中要平稳地调节焦距，使画面在推拉过程中无突兀感，保持平滑的画面过渡。

4. 摇镜头

摇镜头是指在拍摄一个镜头时，摄影机的机位不动，只有机身做上下、左右的旋转运动，其产生的动感相当于人上下左右转头的观感。摇镜头是一种写实手法，叙事性倾向较强。

摇镜头的主要作用是建立人物、事物之间的联系。在一个场景中，在两个（或以上）人物之间建立关系时，最简便的办法之一就是摇摄，从A摇到B，A和B之间就建立起了联系。

摇摄可以模拟人眼，所以可以用来展示场景空间景物，也可以模拟人眼的运动或人的转头所看的视野变化。

使用摇摄是实现镜头隐喻的最简单手法，比如镜头从士兵摇到白杨树，或者从白杨树摇到士兵，都是将二者建立关系的镜头隐喻。

摇摄镜头的一个重要功能是表现一种悬念，从已知画面摇到未知画面。在起点时，观众并不知道镜头终点是什么，这就可以用来制造悬念。例如，在摇镜头的起幅镜头中安排一个熟睡的婴儿，在落幅中安排一条爬向小孩的大蛇，观众会立刻紧张起来。

在使用摇镜头时，最好在起幅画面停留3s，然后接着再摇；摇到落幅时，也要停留3s，可以方便剪辑。注意摇的时间长度、信息量的安排，还要注意落幅和起幅的画面构图的效果，落幅的构图效果一定要好。

现在拍摄摇镜头常被摇移镜头替代，即摇镜头运动和移镜头运动同时进行，以获得更好的镜头运动效果。

5. 移镜头

移镜头又称“移摄”，简称“移”，是指被摄体不动，将摄影机架在活动物体上，沿水平方向做各方向的移动进行拍摄。移镜头有两种情况：第一种是人不动，摄影机动，使景物从画面中依次划过，造成巡视或展示的视觉感受（图3-49、图3-50）；第二种是人和摄影机都动，可以创造特定的情绪和气氛。

移镜头使画面始终处于运动状态，随着镜头移动，可在一个镜头中构成一种多构图的造型效果，在表现大场面、大纵深、多景物、多层次等复杂场景方面具有气势恢宏的造型效果，客观再现被摄体的各部分。

前移、后移、横移和曲线移四种移镜头，能表现出各种运动条件下的视觉效果，以及具有某种主观倾向、有强烈主观色彩的镜头，使画面更加生动，真实感和现场感更强。移镜头的拍摄要力求画面平稳，应用广角镜头，注意随时调整焦点，确保被摄主体在景深范围内。

图 3-49　美国电影《十二怒汉》移镜头起幅
移镜头可以展示环境或人物的全貌，在多角色的情况下，开场使用移镜头可以介绍出场人物。

图 3-50　美国电影《十二怒汉》移镜头落幅
移镜头的运动使画面变换了内容，观众有机会仔细打量画面中的人物或景物。

6. 跟镜头

跟镜头是指摄像机跟随被摄主体一起运动进行拍摄。摄像机的运动速度与被摄主体的运动速度一致，二者的距离大体保持不变，被摄对象始终停留在画中，而背景的空间始终处于变化中。

跟镜头既可突出运动中的主体，又能交代主体的运动方向、速度、体态及其与环境的关系，使动体的运动保持连贯，有利于展示人物在动态中的精神面貌，为演员的表演提供一气呵成的可能。

跟镜头的作用在于能够连续而详尽地表现运动主体。在纪实性拍摄中，对人物、事件、场面的跟随记录，手持式拍摄追踪现场的情况使用跟镜头较多，真人秀也经常采用跟镜头拍摄。

跟镜头景别相对稳定（图 3-51），在跟的过程中也可以拍摄被摄人物的对面，此时观众与被摄人物视点合一，跟镜头也能表现成一种主观性镜头（图 3-52）。

图 3-51　美国电影《鸟人》开头跟镜头——跟背影
影片为 12 个长镜头组接在一起，偏纪录式风格，整篇带有幽默且讽刺意味风格。在男主人公行动时用跟镜头牢牢跟住。

图 3-52　美国电影《鸟人》开头跟镜头——跟正面
跟镜头的主要目的是为了跟拍目标人物，因为限制了视角，所以观众并不知道前面有什么危机在等待，形成观看心理上的期待。跟镜头可以与其他镜头运动方式灵活结合使用。

7. 手持镜头

手持镜头是指摄像机由摄像师手持进行拍摄。手持镜头运动自如，不受限制，可以展示较复杂的空间。手持镜头与移动结合，一般只能用广角镜头拍摄。

手持镜头创造了画面不稳定的效果。镜头越颠簸，就越能显示出不稳定性。手持镜头常用作主观镜头，展现人物行进中的视点，也可以制造晃动表现人物酒醉、精神恍惚的状态等。手持镜头可以造成乘船、乘车时的摇晃、颠簸及以地震等效果，给观众置身其中的感受。

手持拍摄的镜头的冲击力，往往通过摇晃画面与稳定画面的镜头并置对比得到。例如丹麦电影《黑暗中的舞者》用手持镜头拍摄现实，而用稳定的画面拍摄女主人公的幻想，视觉对比效果非常强烈（图 3-53、图 3-54）。

图 3-53　丹麦电影《黑暗中的舞者》现实画面
用手持镜头的方式拍摄女主人公的现实生活，画面灰暗，镜头一直处于摇晃的状态，不仅隐喻女主人公现实中贫困、艰难的生活，也通过给观众造成不适感，增强主人公逃离现实，期待幻想世界的渴望。

图 3-54　丹麦电影《黑暗中的舞者》幻想画面
用稳定镜头拍摄女主人公的幻想世界，色彩绚丽，镜头流畅，与现实世界的晃动镜头形成鲜明对比，使得幻想世界分外可贵，观众不由自主地沉浸其中。

8. 旋转镜头

旋转镜头是指被拍摄主体或背景呈旋转效果的画面，能制造眩晕和混乱的特殊效果。

旋转镜头以摄像机的镜头光轴为圆心，进行 360° 摇摄。旋转的速度可以根据情节需要设定，速度越快，表现的情绪越浓烈。

旋转镜头常用于浪漫场景。当恋人拥抱在一起时，很多时候都使用了旋转镜头拍摄。或者是表现人物观察四周，氛围十分紧张时，也会使用旋转镜头，表现人物的警觉状态。旋转镜头也可以用于拍摄极端效果，当一个人从山坡上滚下来或者汽车翻滚时，使用旋转镜头能给观众身临其境的感觉。

旋转镜头如果是摄像机朝向人物，机器围绕人物旋转，可以视为一种客观镜头；如果是摄像机背对人物，朝向外在景物，可以视为人物观察周边的主观镜头。

在后期剪辑时，也可以通过镜头特效实现镜头旋转，表现人物眩晕、进入梦境、进入虚拟世界等。

9. 升降镜头

升降镜头是指摄像机借助升降装置，一边上升或下降，一边拍摄。升降镜头往往画面景别不变，而人物或景物随着升降的位置变化而不断变化。

升降镜头通常用来揭示答案，有利于展示事件或场面的规模、气势和氛围。

升降镜头可以将场所标志与人物联系在一起，表明人物的位置，在表现位置的基础上还能表现场景气氛，或者表现出画面内容中感情状态的变化。升降镜头可以引导观众注意到物体的各个局部细节。

升降镜头拍摄时需注意使用前景。前景可以表现升降镜头的运动型，而无前景的升降镜头，会有一种晕眩感。

在视频拍摄中，小升降镜头可以看作构图需要，在镜头内部改变视点和范围，也可以用来模拟人物站起或坐下时的视线，有时不会被观众所察觉。而超过 3~5m 的大升降，是表现力强的升降镜头，能够上引起观众的注意，使用时应当慎重。

拍摄升降镜头时，升降的幅度要保持一定的速度和韵律。

10. 航拍

航拍镜头有时也叫“空中镜头”，需要从高处拍摄，例如使用无人机、飞机、直升机或山顶俯拍，现在较多使用无人机进行航拍。航拍具有地面拍摄无法替代的优势，能表现高远的视野、辽阔的场面，常是影片开场、结尾的优先选择。航拍镜头变化速度不宜过猛。

利用航拍可以让观众看到普通视角不能看到的画面。例如新西兰电影《钢琴课》中用航拍镜头让观众看清之前女主角作品的全貌，表现男主角慢慢跟随女主角的足迹，暗示他已经爱上女主角并会展开行动（图 3-55、图 3-56）。

图 3-55　新西兰电影《钢琴课》航拍镜头画面 1
航拍镜头需要采用广角镜头，运动不能太快。航拍镜头能够看到地面上不能看到景象。

图 3-56　新西兰电影《钢琴课》航拍镜头画面 2
航拍镜头与小范围的拉镜头结合起来，从地面上的海马图拉出来，将女主角和男主角也拉进镜头中来，使观众看清海马图案，也看清三个人的行动。

11. 斯坦尼康

斯坦尼康中文翻译过来就是稳定器，摄像效果与手机稳定器摄像效果相似。斯坦尼康主要在移动摄像中使用，赋予了摄像机手持摄影的自由度。斯坦尼康的稳定装置使手持摄影镜头变得平滑，镜头效果就像漂浮着一样。

斯坦尼康拍摄画面的漂浮性可以塑造一种沉浸其中的感觉，也可以用来暗示梦境和幻觉。斯坦尼康也可以进入、退出场地然后突然旋转成一个全景，常用于恐怖片。

总之，在一部视频作品的实际拍摄中，推、拉、摇、移、跟等各种运动形式并不是孤立的，往往是各种形式综合在一起运用的，要根据实际需要来完成。

三、长镜头与短镜头

长镜头是与短镜头相对的概念。简单说来，单个镜头持续时间较长的镜头就是长镜头，单个镜头持续时间较短的镜头就是短镜头。但实际上，长镜头和短镜头的意义并不完全由时间限定。有意让观众仔细感受镜头内容，因此单个持续时间比较长的镜头，才称为长镜头。长镜头可以实现镜头内部意义的传达；而短镜头需要用蒙太奇技巧剪辑后，通过一组镜头的组合，才能实现意义的传达。

1. 长镜头

长镜头强调通过连续的、未经剪辑的单一长镜头来拍摄和叙述故事情节。这种拍摄方式能够保持故事的连贯性和真实感，使观众沉浸在视频的氛围中，符合纪实美学的特征。

长镜头理论的代表人物是法国电影理论家巴赞。他认为蒙太奇理论是人为地切割与重建时空，是导演将自己的意图强加于观众。长镜头理论认为只有在电影中不切割对象所处的完整时空，让生活以本来的面貌呈现出来，才是电影的本质。

巴赞长镜头是视听语言中的一种重要拍摄手法，它强调通过长时间的连续拍摄来展现事件的完整性和真实性，捕捉角色在场景中的一举一动，让观众能够更深入地了解角色的内心世界，仿佛自己亲身经历了故事中的事件。与传统的剪辑手法不同，巴赞长镜头更注重对场景的深入探索和对人物情感的细腻描绘。

巴赞长镜头的优点在于它能够让观众更加真实地感受电影中的情感冲突和人物关系。通过连续的拍摄，观众可以看到角色在不同情境下的反应和变化，从而更好地理解他们的动机和情感。此外，巴赞长镜头还能够创造出一种独特的节奏感，使电影更加引人入胜。

长镜头理论的实践需要高超的摄影技巧和精湛的导演能力。摄像师需要准确地掌握镜头的运动轨迹和拍摄角度，以确保画面流畅自然，不出现任何瑕疵。导演则需要根据故事情节和角色性格，巧妙地运用长镜头来展现故事的高潮和转折点，使观众能够身临其境地感受故事的魅力。

奥逊·威尔斯导演的电影《历劫佳人》开场约3分20秒的长镜头拍摄，通过镜头的推、拉、摇、移、升降，演员走位以及现场的调度都有很高水平的完成度，一个长镜头交代了事件起因，设置了悬念，渲染了氛围，整体来说十分完整，但今天看来节奏略缓慢（图3-57）。

与传统的多镜头剪辑方式相比，长镜头理论更加注重场景和角色的连贯性。它避免了频繁切换镜头带来的断裂感，使得故事情节更加流畅自然。同时，长镜头还能够更好地展现角色的情感和内心世界，使观众更加深入地了解角色的性格和动机（图3-58）。

图3-57　美国电影《历劫佳人》中的长镜头
从特写定时炸弹开始，将炸弹放入车中，汽车成为炸弹载体，每次汽车靠近主人公，观众都会感到担心，炸弹会不会爆炸。

图3-58　日本电影《情书》中的长镜头
电影开篇用长镜头奠定影片基调，结合大范围的雪景画面，给观众寒冷、纯洁的视觉感受。

正是因为认识到长镜头的魅力，很多电影有意采用长镜头的方式来完成，比如电影《俄罗斯方舟》一镜到底展现俄罗斯千百年来风云变幻的故事。希区柯克的电影《夺魂索》，虽然不是真正的一镜到底长镜头电影，但导演降低镜头转换，整个情节时间等于事件发生的时间，既展现长镜头的魅力，又不降低故事的戏剧性。

长镜头的创作方法使视频的画面减少了剪辑造成的人为切割痕迹，使故事节奏更加自然，更加贴近观众。很多纪录片、真人秀在拍摄过程中都需要使用长镜头，一些广告、短视频也开始尝试使用长镜头达到特殊的艺术效果。

长镜头作为一种特殊的镜头处理手法，能够增加观众的参与意识，常用在视频开头，介绍故事发生的地点，交代故事背景、环境。长镜头的真实感和沉浸感能将观众很快带入故事氛围中。

2. 短镜头

短镜头是时间较短的镜头，画面内容以一个视觉主体为主。短镜头用来组接一场戏，单个短镜头无意义，通过蒙太奇剪辑，一组镜头的组接才产生意义。

短镜头拍摄要注意画面中的视觉主体要清晰。短镜头的动作性相对于长镜头要强很多，使用短镜头会使视频的节奏加快，戏剧性增强，但会导致故事的真实性下降，真实性较长镜头弱。

为使故事更加可信，在创作视频作品时，要注意在大量短镜头场面中必须要有 1~2 个长镜头，可以调节剪辑节奏，又能体现环境、故事的真实感。

3. 长镜头与短镜头的使用

决定镜头长度主要是看观众阅读画面信息量所需的时间，这有赖于导演的视觉经验、生活经验或者艺术效果的要求。

长镜头的创作方法是不露技巧的技巧。长镜头不意味导演工作少，相反，长镜头的设计工作更多存在于场面调度的拍摄过程中，依赖于导演的前期设计，即把镜头组接融于场面调度过程中。短镜头形成的镜头组接关系，能够鲜明、有力地表现戏剧性，制造冲突，表现人物思想、情绪变化。

长镜头和短镜头的特殊使用方式要视作品的内容要求处理。比如，过于长的长镜头可以让观众体验到所谓“东方的意境”，进行时间上的夸张；过短的镜头用在武打场面、动作场面，可以表现动作的激烈程度。

就具体视频创作而言，基本上视频作品都是由长镜头和短镜头组成的。镜头时长并不是固定的，而是与导演风格、叙事要求和视觉要求直接相关。选择长镜头还是短镜头进行创作，要根据导演的需求和主题表达来判断。长镜头多，节目节奏缓慢；短镜头多，节目节奏快。为使视频作品节奏得当，需要长短镜头的交替使用，随着镜头呈现内容而设定镜头合适的时间长短。

四、快镜头与慢镜头

快镜头与慢镜头是镜头画面速度的特殊效果，快与慢是相对被拍摄对象的正常速度而言。快镜头是指以快于正常速度播放的镜头，它使画面中所有运动着的对象动作加快。慢镜头则相反。“放大的时间”和“缩小的时间”的镜头效果，丰富了视听语言的表现力。

拍摄阶段要实现快慢镜头，需要调整拍摄的画面帧数。在高清画面帧数设定时，正常的播放帧频是 25 帧 / 秒，那么设定低于 25 帧 / 秒的帧频，如 20 帧 / 秒、15 帧 / 秒，这样拍摄的镜头再以正常的帧频 25 帧 / 秒的速度播放，就会得到比拍摄对象实际运动速度快的快动作镜头，称之为快镜头。

相反，拍摄时设定高于 25 帧 / 秒拍摄后，比如 120 帧 / 秒，再以正常帧频播放时，则等于是要降速播放原视频，得到比拍摄对象实际运动速度慢的慢动作镜头，称之为慢镜头。

手机拍摄视频通常选择的是 30 帧 / 秒，因为手机、计算机的屏幕刷新率是 30 帧 / 秒、60 帧 / 秒、120 帧 / 秒，高的刷新率带来更加流畅的视觉效果。手机录制慢动作视频可以选择更高的 240 帧 / 秒，也可以通过后期剪辑制作快慢镜头。

在后期制作阶段也可以实现快慢镜头的设置。通过非线性编辑软件的“速度”的设置，将镜头速度调整为高于 100% 速度播放时，得到的是快镜头；调整速度低于 100%，则正常播放时只有原镜头低于 100% 的速度，而成为慢镜头。但慢镜头如果前期拍摄的帧数不够，则会出现拖影，影响画面效果。

1. 快镜头

快镜头常用来压缩运动体的时间历程，加快动作，强化节奏，压缩真实世界（图 3-59、图 3-60）。由于打破了真实世界的速度，快镜头会马上与故事的其他部分区别开来。快镜头既压缩了时间，又把快镜头场景和影片的其余部分区别开来。出于这个原因，快镜头一般用在需要强调的地方。

图 3-59　法国电影《天使爱美丽》中的快镜头
推镜头之后变固定镜头、快镜头。

图 3-60　美国电影《瞬息全宇宙》中的快镜头
上一个镜头是慢镜头，下一个镜头接快镜头，视觉对比更强。

快镜头常被用于喜剧电影当中，但在剧情片当中也很有效。

2. 慢镜头

慢镜头减慢了画面主体的运动速度。慢动作效果可以产生一些强化的戏剧性想法。慢镜头在画面造型中起着多种作用，如分解行进中的动作、创造特定的艺术气氛、刻画人物的内心情绪等。运用慢镜头可以看清处于事件中人物的反应，更把时间的紧急性和迫切性烘托得自然顺畅。

降低真实世界的速度经常被用来表现伤害事件中的人物如何看这个世界。慢动作把观众的注意力吸引到场景中。当慢动作与视角镜头结合使用时，可以大大增加观众的同情心（图 3-61、图 3-62）。

慢动作的一个标志特征是可以通过与实时动作的对比从视觉上暗示两种意识状态。在电影《愤怒的公牛》的开头，慢动作被用来区分常态和创伤（图 3-63、图 3-64）。

图 3-61　韩国电影《汉江怪物》中的慢镜头 1
慢镜头看清人物反应镜头。

图 3-62　韩国电影《汉江怪物》中的慢镜头 2
慢镜头强化了画面内容的视觉冲击力。

图 3-63　美国电影《愤怒的公牛》片头
片头用慢镜头，暗示人物处于创伤的精神状态。

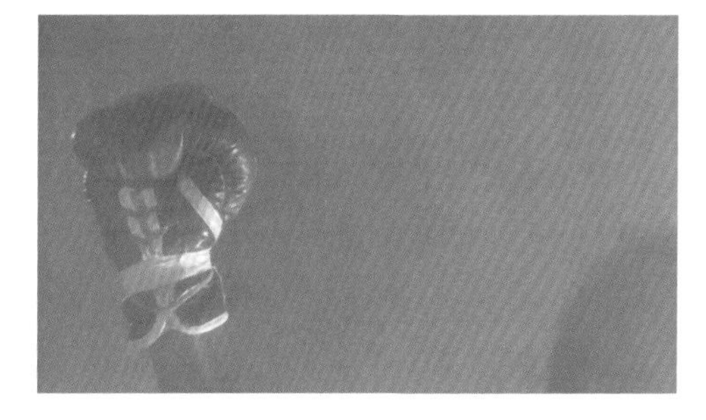

图 3-64　美国电影《愤怒的公牛》比赛场景
在拳击比赛时用慢镜头区分现实和主人公的精神世界。

随着技术的进步，现在可以控制正常拍摄过程中镜头随时的变速，而获得镜头内部时而加速、时而减速，或者形成匀加速、匀减速的镜头，进一步丰富了变速摄像的表现力。

第二节　声音语言基本技巧

视频是由画面和声音构成的。声音语言与视觉语言相比，经常被视频创作者忽视，但是声音语言也是贯穿视频创作的主要元素，不能忽视声音语言的重要作用。声音语言属于“时间艺术”“想象艺术”，依靠听觉产生意义，与视觉语言相辅相成、相互依存。

一、声音的分类

声音根据声源来源不同，主要分为三大类——音乐、音响（音效）和人声（对白、独白、旁白）。

1. 音乐

在视频作品中的音乐可以分为有源音乐和无源音乐，如果画面中出现了演唱者或演奏乐器，那么就是属于有源音乐；反之，找不到发生源的音乐就是无源音乐。有源音乐要注意与画面声画一致；而无源音乐使用更灵活，是渲染情绪、塑造人物的必备元素。

2. 音响

音响又称音效，是影片最基本的真实声音元素。音效与画面具有对应性，比如人物在行走就会有脚步声。音效也可以是想象出来的，比如科幻片中对外星人语言的模拟。

3. 人声

人声可以分为独白、对白、旁白：独白是人物自言自语或是人物内心的心理活动，独白是仅观众可知的；对白是人物间的对话；旁白则是画外音，是超脱故事时空的人声。人声具有音色的特征，既要真实还原，也可以利用人声的音色差别设计情节。

二、声音的特征

从视听语言的角度来看，声音具有时间性、空间性、心理性、地域性、主题性、意境性特征。

1. 声音的时间性特征

声音只在连续时间上具有意义，这与视觉语言的时间跳跃性区别很大，但是也可以利用声音的时间连续的特点，将时间跨度很大的空间联系起来，也可以用在慢镜头。

2. 声音的空间性特征

利用声音可以营造视频的空间感，表现人物运动的方向性、位置、距离。场景变化会带来声音变化。

3. 声音的心理性特征

观众总是试图听清人声，所以一定要注意人声与音乐的关系，避免音乐声盖过人声。

音响对塑造真实的场景至关重要，只有音响才能让观众对场景产生时空认同。

4. 声音的地域性特征

不同的地域会在人声和音乐方面产生较大差异，比如地方性语言，口音差别；音乐也具有地域性，东西方音乐风格差异明显。

5. 声音的主题性特征

音乐和音响都可以作为主题性元素出现，比如主题曲，或者赋予人物特定情感的一段音乐、音响，反复出现时可以代表人物。

6. 声音的意境性特征

为达到视频作品情景交融的目的，必须依靠音乐、音响。仅依靠画面和情节，难以在关键点达到感人的意境，这时就需要音乐和音响的辅助。有时无声也是一种声音语言。

三、声音的作用

探讨声音在视频作品中的作用，要从音乐、音响、人声三种声音分别谈起。

1. 音乐的作用

音乐的作用是控制视频作品的节奏。音乐与画面结合，使视频作品更加流畅、更加完整，从而更好地诠释主体。音乐可以用来抒发情感、渲染场景气氛，增加画面表现力。音乐也是表达创作者态度的隐晦形式，通过音乐能表达创作者的真实想法，比如电影《马路天使》中主题曲《天涯歌女》，表面上是一首爱情歌曲，但其中的“家山北望泪沾襟”反映出创作者的爱国情怀。

2. 音响的作用

音响的作用是尽可能地还原真实的现场环境，让听众产生身临其境的感觉。音响要求在细节上做到真实可信。比如飞机场会有飞机的轰鸣声。音响可以用来表现运动的动感，距离越近音响越大，距离越远音响越小。音响也可以用来渲染气氛。例如电影《沉默的羔羊》，女探员独自搜索连环杀手这一场景中，放大了女探员紧张的喘气声，最后开枪前喘气声也变得激烈，为最后的枪响做了铺垫。

3. 人声的作用

人声的作用主要为根据剧本预设内容，进行对话，完成叙事说明，独白或旁白可以表现人物的心理和情感，通过人物语言内容、语音、语气塑造人物的性格，方言也可以成为人物塑造的一部分。形象和声音共同塑造了独一无二的人物。旁白可以直接阐述创作者的观点和看法，揭示真相。要注意人声的空间感和方向感。

第三节　场面调度

场面调度一词源于法文“Mise-en-scene”，意为“摆在适当的位置”或“放在场景中”，来源于戏剧中的“场景中的人物布局”，后在影视创作中逐渐演化为导演在拍摄过程中对演员、摄像机、镜头的运动调度。场面调度完成了导演对作品的实践创作，涉及对场景、角色、动作、时间和空间进行合理安排，以达到作品的戏剧性、情感表达和视觉冲击力的综合效果。场面调度不仅是指单个镜头内的演员与摄像机的调度，同时也包括承上启下数个镜头组接后构成的一个完整场面的调度。

场面调度涉及对镜头内元素的组织与安排，以及如何通过这些元素来讲述故事、表达情感和构建整体氛围。要有效地进行场面调度，首先要遵守轴线原则。

一、轴线原则

拍摄的镜头需要经过后期剪辑才能成为一部完整的视频作品。为保证后期剪辑的镜头能够有效叙事，而不会让观众跳戏或者感到迷惑，导演在完成分镜头剧本后，要按照轴线原则设计拍摄现场的场面调度。

轴线是拍摄场景中，被摄对象的视线方向、运动方向和对象之间关系所形成的一条假定的直线。在镜头的转换中，轴线是制约视角变化范围的界线。在同一场景中，拍摄上下相连镜头时，为了保证被摄对象在画面空间中的正确位置和方向统一，摄像角度的处理要遵守轴线原则，即在轴线一侧 180° 之内设置机位拍摄角度。一旦越过轴线拍摄，画面运动方向就会相反。在轴线一侧拍摄是构成画面空间统一感的基本条件，这就是轴线原则。在一些特殊情况下，轴线是可以超越的，但必须配合特殊的镜头设计。

从轴线的产生方式来分，轴线分为关系轴线和运动轴线。由被摄对象的关系和视线所形成的轴线叫做关系轴线（图 3-65、图 3-66）。单个演员与他所观察事物之间也能

图 3-65　美国电影《美国往事》中双人对话镜头
让观众能够同时看到两个角色的面部表情和身体语言，从而更好地理解和感受他们之间的关系和情绪交流。

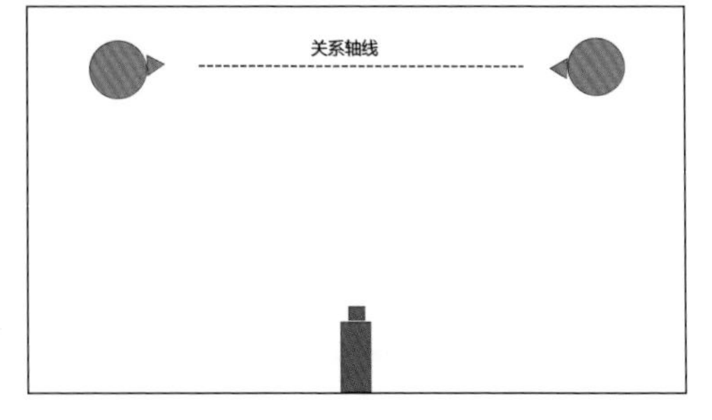

图 3-66　关系轴线
双人对话镜头，双人面对面，视线形成关系轴线。摄像机只能在关系轴线的一侧拍摄。

形成关系轴线。由被摄物的运动方向所形成的轴线叫做运动轴线，也叫方向轴线（图 3-67、图 3-68）。

图 3-67　美国电影《阿甘正传》中阿甘跑步镜头
人物在画面水平方向运动，人物与前进的方向形成了关系轴线。

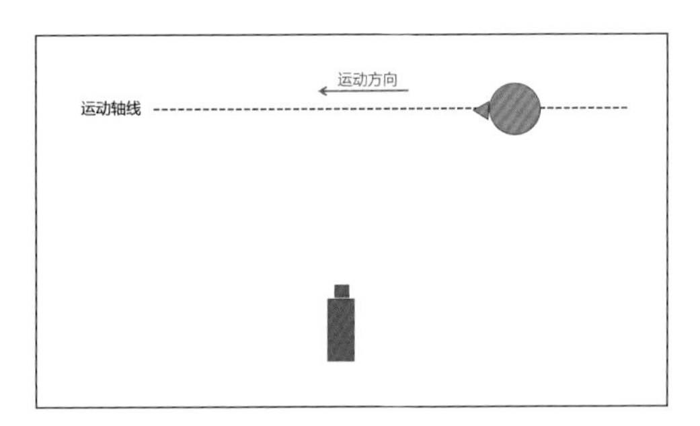

图 3-68　运动轴线
由人物的运动方向形成运动轴线，摄像机只能在运动轴线的一侧拍摄。

如果一个画面中同时存在运动轴线和关系轴线，最好能够二者兼顾。一般情况下，运动轴线重于关系轴线，但在具体操作中还是要根据导演的设计来选择以运动轴线为主还是以关系轴线为主，要看场景中两者谁更重要。

简单地说，轴线的作用就是为了保证在同一场景拍摄的被摄体的几个镜头进行组接后，它们的位置关系或行为路径方向不会发生错乱。东方电影讲究意境的营造，不太在意轴线问题，但为了让观众更好地理解剧情，场景调度还是需要考虑轴线原则，依靠轴线进行演员和摄像机调度。轴线原则在特殊情况下是可以超越的。

二、场面调度的对象

场面调度需要导演具备高超的技艺和敏锐的洞察力，才能将故事、角色和氛围以最佳方式呈现在观众面前。

场面调度要先设计好一个合适的环境场景。场景可以增强故事的氛围，利用环境因素突出主题，使观众沉浸于情节之中。设计好的场景，做好环境中每一个细节设计，环境中出现的每一个道具，不论是花草树木，或者桌椅碗筷，包括演员的服装、化妆，细致到一处花纹、一个褶皱，都应在拍摄前设置好，并在拍摄过程中保持一致。

场面调度的依据主要是剧本和分镜头脚本提供的内容，如在剧本中所描述的人物性格和人物的心理活动、人物之间的矛盾纠葛、人物与环境的关系等。场面调度是根据人们在生活中传达自己思想感情的动作规律而构成的。

在现场拍摄时，场面调度的主要对象包括演员与镜头。

1. 演员调度

演员是中期拍摄的核心，场面调度主要是导演对演员的指导。依据剧情，导演需要指导演员语言动作、行走路线、表演方法等。演员调度的目的不仅是为了保持演员与所处环境的空间关系在构图上的完美，更主要是为了反映人物性格，并使观众始终注意到应该注意的人。

（1）根据演员的走位、动作，可以将演员的调度分为七种方式：

① 横向调度，即演员从镜头画面的左方或右方做横向运动；

② 纵向调度，即演员正向或背向镜头运动；

③ 斜向调度，即演员向镜头的斜角方向做正向或背向运动；

④ 上下（高低）调度，即演员从镜头画面上方或下方做反方向运动；

⑤ 环形调度，即演员在镜头前面做环形运动或围绕镜头位置做环形运动；

⑥ 不定向（不规则）调度，即演员在镜头前面做自由运动；

⑦ 综合调度，即演员和摄像机同时运动。

为了追求动感，演员的走位愈加复杂，演员和摄像机同时运动的情况也越多，但决定演员运动方式应该是叙事需要，不能为了追求镜头动感而忽略叙事。

（2）根据视频拍摄的特点指导演员表演，将演员的调度分为四种方式。

① 间断表演。镜头的间断拍摄方式导致演员必须采取间断表演的方式，不像戏剧演员在舞台上的表演，可以在一幕戏或一场戏中连续表演，一气呵成。影视拍摄则常常要把一场戏或一段戏，甚至某个动作，分割成若干个镜头来进行拍摄，所以演员的表演常常被打断。演员要能迅速适应这种间断表演，将间断后的动作、情绪、视向等记忆清楚，间断后再继续表演时，仍能表演连续，动作、情绪、视向都不会出现断裂感。

② 反程序表演。正常一部戏应该按照戏中的时间顺序来拍摄，但是为了场景的需要，或者出于工作计划安排的需要，常常要打破剧中的时间顺序的安排，可能先拍结尾，然后拍开场的戏。这种反时间程序的拍摄方法，要求演员能够随时改变自己的戏路、心理状态、形体动作、情绪变化，迅速进入新的规定情境，达到最佳的表演状态。不论是顺序，还是逆序，或者是无序，演员的表演都要做到随机应变，迅速进入状态。

③ 无对象表演。拍摄影视剧与舞台上的戏剧演出的显著差别，就是常常需要进行无对象表演。没有表演对象，演员还得当做面前仍然站着个人，和他在交流说话。这是在当前数字虚拟拍摄技术越来越普遍应用的今天对演员提出的更高要求。演员必须掌握无对象的表演方式。

④ 纷乱的环境中表演。影视剧的拍摄现场常常是纷乱嘈杂的，除了围观群众的吵闹

声，还有许多事情会分散演员的注意力。比如拍摄前，化妆师要给演员修补妆容，服装师要上前给演员整理衣衫，这一切都会干扰演员的表演。导演要帮助演员尽快进入表演状态，排除环境干扰，将人物形象在屏幕上鲜活地表演出来。

2. 镜头调度

镜头调度也称摄像机调度，是指导演运用摄像机的移动或角度、焦距的变化，如推、拉、摇、移、升降等各种运动方式，俯、仰、平、斜等不同方位和角度，以及长短焦距的改变，以获得不同景别和造型的画面，用来展示人物运动、环境气氛，以及人与人之间的交流、人与环境之间的关系变化的情景。摄像机运动和镜头运动是可以同时进行的。

（1）镜头调度的方式。镜头调度的方式包括固定镜头及运动镜头。固定镜头即在摄像机机位不变、焦距不变时拍出来的画面。选择固定镜头，就像给演员表演规定了一个画框，导演在画框内指导演员表演。运动镜头的运动方式有摄像机做推、拉、摇、移运动，镜头方位、角度和变焦距运动。摄像机运动和镜头运动如果同时进行，则需要导演更加认真细致地指导镜头调度。

（2）镜头调度的具体内容。镜头调度的具体内容包括确定拍摄机位和选择合适的镜头焦距。

① 确定拍摄机位。指导摄像机来到适当的拍摄位置，多机位拍摄时要分别做好每个机位的指导。拍摄机位需要与剧中人物的运动轨迹密切配合，寻求最佳地表现人物行为、情绪及环境氛围、空间特征的拍摄方位。确保有较多人物的情况下，将视点锁定在主要表现对象上。

② 选择合适的镜头焦距。广角和长焦的画面表现力差别很大。广角镜头适合表现大环境大场景，介绍人与环境的关系。长焦镜头则因具有较大的景深而适合突出主体，或者强化画面中各个物体之间的距离关系。

（3）镜头调度与演员调度融合。镜头调度实际上可以分两个层面，一个层面是对单个镜头的调度，另一个层面是对整场戏的镜头和演员的整体调度。演员调度与镜头调度的有机结合及相辅相成，都以剧情发展、人物性格和人物关系所决定的人物行为逻辑为依据。现在的视频追求快节奏，所以演员和摄像机同时运用的情况较多，创作者比起固定镜头更喜欢运动镜头，但是场面调度要从情节需要、画面美感、主题表达等方面考虑，而不能一味追求动感。

场面调度应充分考虑后期的蒙太奇剪辑，依据蒙太奇设计来进行场面调度的具体操作。随着数字影视技术的不断发展，场面调度的技巧和形式愈来愈复杂、愈来愈丰富多彩，使视频效果更加丰富。

三、双人对话场面调度

在遵守轴线原则进行场面调度的实际应用中，双人对话场面相对简单。双人对话场面中轴线的使用、对镜头的调度也是其他场景中处理更复杂情况的场面调度的基础。

1. 三角形原理机位

三角形原理机位是进行机位设计的最基础方法（图 3-69）。双人对话场景中两个中心演员之间的关系轴线是以他们相互视线的走向为基础的。在关系线的一侧可以有三个顶端位置，这三个顶端构成一个底边与关系线平行的三角形，主镜头中摄像机的视点是在三角形的顶端角上。三角形摄影机布局原理基本规则就是选择关系线的一侧拍摄，并保持不越过轴线拍摄，这是场面调度要遵守的最重要的规则之一。三角形原理就是三个摄像机画面都是演员 A、演员 B 各自处在画面固定的一侧，每个镜头中都是演员 A 在左侧，演员 B 在右侧。

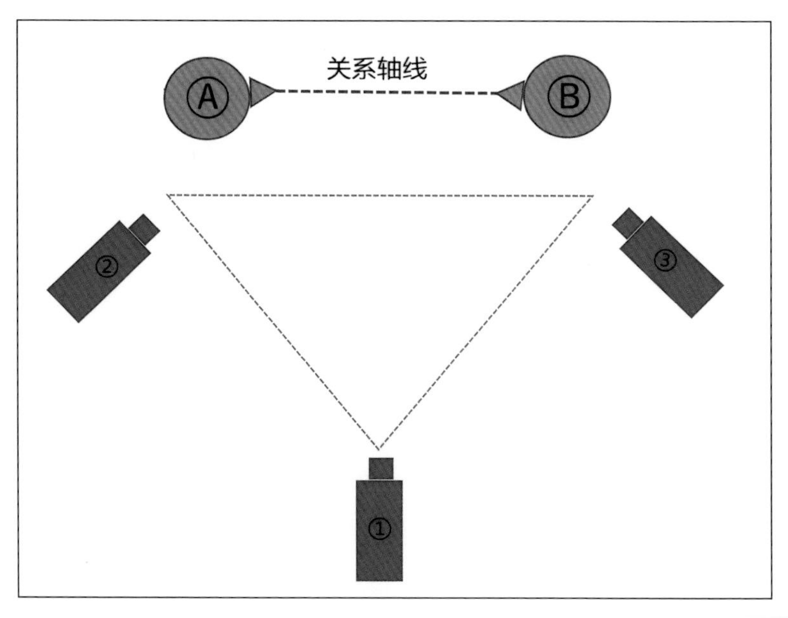

图 3-69　双人对话中三角形原理机位示意

在关系轴线的两侧都可设置一个三角形摄像机布局。在大多数情况下，不能从一个三角形机位直接切换到另一个三角形布局，也就是不能轻易越轴，因为使用两个不同的三角形摄影机位，演员在画面上就没有了固定的位置，演员在画面中将忽而在画左，忽而在画右。

2. 总角机位（总拍机位）

总角机位也叫总拍机位，设在两人或多人的中间位置，用以交代参与对话的所有人员的位置关系，给观众整体的空间感受。

三角形原理中的三个机位均形成双人镜头，所以在拍摄表现对话的过程中，通常会从这三个机位中挑选出一个，作为一个场景总的拍摄方向。包括演播室访谈节目，或者新闻采访，都会使用总角机位交代对话双方或多方的位置，给观众一目了然的视觉感受和方位感。

为了保持空间关系的完整统一，总角机位所规定的全景角度决定了其他镜头的大致机位，这就是总角机位的由来。

3. 双人对话的典型机位

在按照轴线原则表现双人对话时，通常会出现 9 个比较典型的机位，各个机位拍摄出的效果不同（图 3-70）。

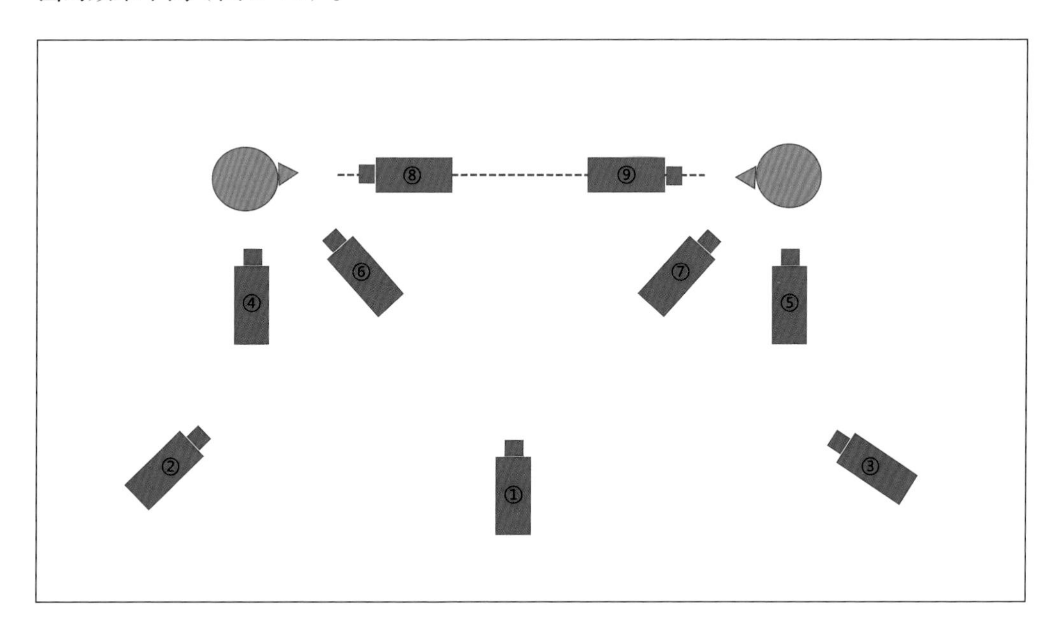

图 3-70　由三角形原理形成的双人对话场景机位示意

（1）总角镜头——图 3-70 中 1 号机位。总角镜头交待对话双方的位置关系，制约其他机位的形成。

（2）外反拍镜头——图 3-70 中 2 号和 3 号机位。外反拍镜头也被称为过肩镜头，前景的演员背对着镜头，通常镜头中会有部分前景演员的肩部作为前景，处于后景的演员在此时是画面表现的主体。

（3）内反拍镜头——图 3-70 中 6 号和 7 号机位。内反拍镜头只表现一个演员。将摄像机放在两个人物之间，对人物分别进行拍摄。这一画面效果表现了对面演员的视点。在画面上，反方向的内、外反拍为摄影机位置提供了一种可以称为镜头数量对比设置的情况，外反拍位置表现的是对话全体，而内反拍位置却只表现一个人，这就为镜头表现手法提供了变化。

（4）齐轴镜头——图 3-70 中 8 号和 9 号机位。齐轴镜头属于内反拍镜头的一种极端的位置，将摄像机放在轴线上，在两个人物之间拍摄，此时拍摄的画面为演员的正面镜头。齐轴镜头拍摄属于比较特殊的拍摄位置，可用来表现二人四目相对、互相直视的场景。

（5）平行镜头——图 3-70 中 4 号和 5 号机位。平行镜头摄像机平行于演员进行拍摄，此时拍摄的画面是演员的正侧面，主要目的是为了表现演员的动作。平行位置只能各自拍一个演员。

4. 拍摄双人对话具体应用

（1）演员面对面双人对话场景拍摄方法。双人对话场面的基本镜头调度，是基于对话的双方面对面进行谈话进行的，双方中间可能隔着一个桌子，在谈话中双方基本保持对话的状态。在实际拍摄中，根据剧情需要，设计摄像机位置、数量，并不需要在对话中将所有的机位都拍摄一遍。

例如在日本电视剧《拼桌恋人》（图 3-71）中，女主角无意中进入餐厅，落座后发现周围的客人都消失了，突然一位老人坐在她的对面，询问是否可以和她拼桌。这个老人其实是多年后她的丈夫穿越而来。此时女主角正因为男友的冷落伤心不已，老人穿越到这个时间就是为了鼓励她渡过难关。根据剧情安排，故事的大部分场景都由双人对话组成。在双人对话场景中，使用了双人对话典型场景中的 9 个机位，并且为了取得较好的视听效果，也结合了移动镜头增强画面的动感。镜头并不是都采用平角度，而是与人物的心情相关，采用仰角度或者俯拍。因齐轴镜头比较特殊，所以导演只对老人进行了齐轴拍摄，女主角的齐轴镜头只是为了方便老人进入画面。

在《拼桌恋人》面对面的双人对话过程中，总角机位确定二人的位置关系，然后用外反拍镜头，随着谈话内容不断深入，出现内反拍镜头。当对话的人有动作时，为了让观众看清动作，使用平行镜头，正侧面拍摄人物动作。需要注意的是，除了总角镜头外，其他外反拍镜头、内反拍镜头、平行镜头都是成对出现的。也就是说，上一个镜头是女主角的外反拍镜头，下一个镜头就是老人的外反拍镜头；上一个镜头是女主角的平行镜头，下一个镜头就是老人的平行镜头。

图 3-71　日本电视剧《拼桌恋人》双人对话典型机位拍摄画面，对应图 3-70 的摄像机机位分别为：

⑧|⑨

③|②

⑥|⑦

④|⑤

①

（2）演员肩并肩双人对话场景拍摄方法。随着视频拍摄技术的发展和艺术理念的变化，现在很少有两个人一直坐在桌子两边进行对话的场景了。那样的场景从视觉角度来说会显得比较呆板。现在更多的情况是在对话过程中加入人物运动，比如演员肩并肩行走进行对话。

在有些设定下，两个对话角色并肩而行，边走边谈话，这也是生活中经常遇到的场景。两个演员排成一条直线，对话关系就形成关系轴线，同时又因为两人向前走，又形成运动轴线。两个演员一起前进，就有一种共同的向前看的方向感。

在关系轴线和运动轴线共同存在的情况下，导演可以选择一条轴线作为设置机位的主要依据。理想状态是选取两条轴线公共的区域进行三角形机位设置，既可以保证运动方向不变，也能保证二人对话的方向不变。

导演在这时也可以做一些灵活的机位设置。例如日本电视剧《昨日公园》中双人运动对话场景，两个演员采用的就是肩并肩的前进谈话方式，导演只做了最简单的机位设置（图 3-72~ 图 3-77）。

双人对话的典型机位虽然有 9 个，但现实操作时往往不需要每个谈话场景都使用 9 个机位，外反拍镜头也就是过肩镜头，适用于需要看清两人的位置关系或者两人关系不那么亲密的谈话场景。内反拍镜头的位置关系表现力会弱于过肩镜头，但带来的视觉效果是更加亲密的关系，也会增加观众的亲近感。

图 3-72　双人运动对话 1 号机位——运动

图 3-73　双人运动对话 1 号机位——固定

图 3-74　双人运动对话 4 号机位

图 3-75　双人运动对话 1 号机位，与 4 号机位相对应

图 3-76　双人运动对话 2 号、3 号机位

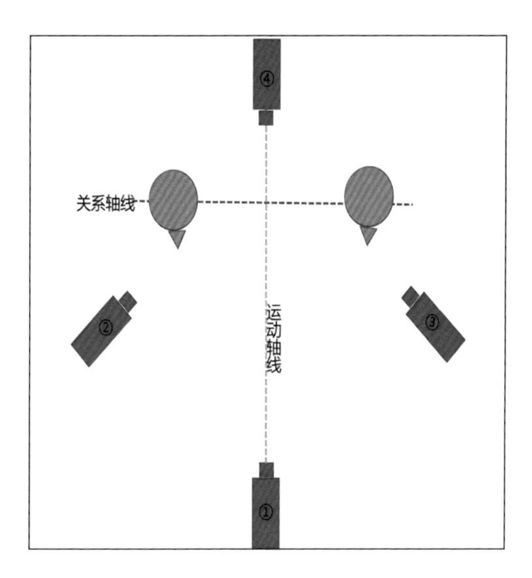

图 3-77　双人对话 + 运动机位示意
关系轴线和运动轴线同时存在的最简单的机位设置。

四、多人对话场面调度

在拍摄中经常会遇到多人对话的场面，比如三人以上的对话场面是经常存在的。简单处理三人以上对话的方法就是将三人以上的对话简化处理成为双人对话，将谈话的人分成两方，一方演员站在画面一侧，而另一方演员同时站在画面另一侧。双方之间的交流只有一条轴线，这样参与谈话的人数增加了，但是存在于人物之间的轴线没有增加。在这种情况下，多人对话场面和双人对话的表现方法是一致的。

其他的方法就是多使用内反拍镜头。内反拍镜头可以让镜头失去方向感，每个人都是视觉的中心。用总角镜头确定三人或多人位置后，就可以多使用内反拍镜头来表现人物对话，但是要记住偶尔需要过肩镜头也就是外反拍角度来确认位置关系。

表现两三个人的静态对话场面的基本技巧也适用于表现更多人物对话场面。但是，四个人或者是更多的人同时进行对话的情况并不多见。总会有一个为首的主要人物，对话也是分区进行的，因此拍摄的方法仍然可以考虑使用共同的视线关系轴线，将多人对话处理成双人对话。

有一种比较特殊的座位是一群人围着圆桌进行谈话。在这种情况下，可以先用圆形移动镜头沿着外围来表现所有谈话者，然后将摄像机放置于圆心，分别给谈话的人镜头，也可以按直角角度设置机位。

五、运动轴线的场面调度

运动轴线由被摄对象的运动方向构成，也可以看作运动物体和运动目标之间的假想线。以运动轴线为调度原则，是为了将一个连贯的动作分切成若干片段拍摄，并且在镜头组合后画面能保持运动的连续性，不会令观众迷糊。由若干片段将运动的典型部位拍下来，往往比只用一个镜头拍下整个运动场面更生动、有趣。但是要注意选定的摄像机位置必须都在运动轴线的同一侧。

如果选定了在运动轴线的一侧进行拍摄，但是突然又把摄影机摆在运动轴线的另一侧拍摄一个镜头，这个镜头里的拍摄对象就会以相反方向横过画面，同一个主体的两个运动方向完全相反的镜头无法正确地剪接起来。

这并不意味着在视频中的主体运动就不能改变运动方向了。恰恰相反，运动的方向可以随时改变，不过任何方向的改变过程必须在画面上表现出来，使观众在看到演员向相反的方向运动时，不会感到莫名其妙。

拍摄运动场面时，要控制运动过程中分切镜头的数量和分切点，还要考虑到切换必须连贯，以免观众在观看运动时产生混乱的感觉。把一个连贯动作的两个不同片段组接在一起时，要做到位置匹配、运动匹配和视线匹配。

1. 位置匹配

位置匹配指上下两个镜头画面构图中演员的形体位置匹配，包括演员的服装、动作手势、体态和演员在画面中的位置匹配。利用分切镜头表现运动的时候，如果想要在不同的镜头之间保持视觉的流畅，演员在两个相连的镜头之间应处于一致的位置，这在使用固定镜头拍摄运动场面时尤其重要。

2. 运动匹配

运动匹配主要是指当通过镜头切换，演员移近或远离镜头时，人物的运动在画面中应当是连贯的，人物出入画面位置要匹配。例如表现人物推开一扇门从室外走入室内，根据运动轴线的要求，正规的处理方法是把摄像机保持在运动方向的一侧拍摄。具体来说，可以从人物左侧在屋外拍摄转动把手打开门的动作，然后切换到屋内拍摄人物走进屋子的动作，此时屋内的镜头也要从人物的左侧拍摄。

即使间隔了一段时间的剧情，观众依然会记得主体在特定道路的运动方向，出与入运动的方向依然要匹配（图 3-78、图 3-79）。

3. 视线匹配

运动时要注意视线匹配，前方两个镜头中人物追赶方向和相聚方向要保持画面方向的一致，视线与运动方向保持一致，直至双方相遇。物体在画面中由左向右运动，因与

图 3-78　美国电影《群鸟》中汽车驶入村庄
远景固定镜头，营造平静的氛围。

图 3-79　美国电影《群鸟》中汽车驶出村庄
同一远景固定镜头，汽车运动方向相反。即使已经间隔一段时间，固定镜头仍然会让观众与之前的画面进行比较，高扬的灰尘表明驶离的急迫。

人眼阅读的方向一致，视觉比较舒服，所以一般称为正运动。物体在画面中由右向左运动称为反运动。由于画面的偏左效应，观众会在心理上偏向正运动的一方。

六、轴线的超越

轴线是物体间进行交流所形成的一条虚拟直线。轴线可分为关系轴线和运动轴线。为了保证被表现物体在画面空间中相对稳定的位置和统一的运动方向，应该在轴线的一侧区域内设置摄像机机位或安排摄像机运动，这就是处理景物关系和镜头运动时必须遵守的轴线原则。

在遵守轴线原则的拍摄画面中，被表现物体的位置关系及运动方向应该是确定的。而越轴后所拍摄的画面，被摄对象与原先所拍画面中的位置和方向是不一致的。一般来说，越轴前所拍画面与越轴后所拍画面如果硬性组接，就将发生视觉接受上的混乱，所以只能采用下列方法作为越轴的过渡，降低越轴带来的位置改变和运动方向变化的问题。

（1）摄像机移动过轴。通过移动镜头，机位“移过”轴线，在同一镜头内实现越轴过渡，即利用摄像机的运动越过原来的轴线实施拍摄的过程，注意要保留镜头移动的过程。

（2）利用拍摄对象动作路线的改变、视线方向的改变在同一镜头内引起的轴线变化，形成越轴过渡。

（3）利用无方向感的中性运动镜头、空镜头或插入其他演员镜头间隔两个越轴镜头。

（4）在越轴的两镜头间插入一个拍摄对象的特写镜头进行过渡。

（5）利用双轴线，越过一条轴线，由另一条轴线去完成画面空间的统一。

（6）整个画面做无轴处理。画面中很少带环境信息，人物的位置关系很模糊，所以不存在越轴问题。

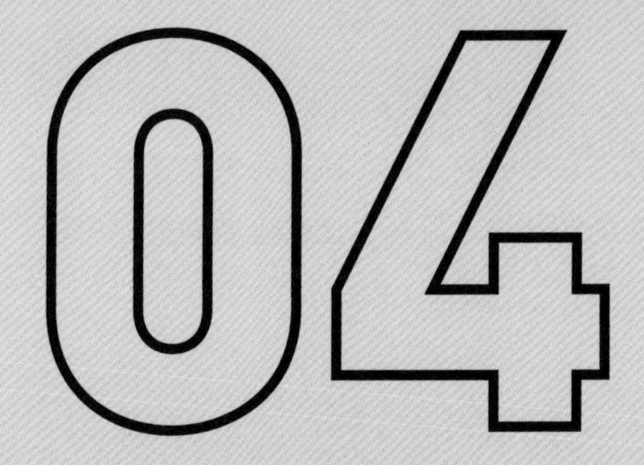

第四章

数字视频编辑与制作后期：剪辑

第一节　剪辑的基本技巧

数字视频剪辑是一项涉及视频制作创意、技巧和经验的工作。通过剪辑完成整个视频内容的叙事，要求视频内在的逻辑清晰，外在的镜头运动流畅，让剪接点消失，观众沉浸于欣赏之中。

一、剪辑的基本流程

在完成拍摄工作之后，接下来进入剪辑阶段，也称为后期编辑工作。这一阶段主要包括粗剪、精剪、融入音乐与音效、色彩校正与画面优化、字幕与特效添加、视频输出与分享。

1. 粗剪——镜头筛选与组合

剪辑师首先需要对原始素材进行仔细筛选，挑选出最符合剧情或主题的镜头。剧情片可以按照剧本挑选镜头。剪辑还需要考虑镜头之间的衔接和组合，使得整个作品在视觉层面和故事层面都呈现出流畅感。

2. 精剪——节奏调整

根据剧情发展、人物情感以及观众需求，剪辑师对作品的整体节奏进行精细调整，包括增加或减少某些镜头的时长、调整镜头切换的速度等，以达到最佳的观片体验。

3. 融入音乐与音效

在精细剪辑的过程中，剪辑师还需关注音乐和音效。根据所需表现的氛围和情感，选择合适的音乐和音效，以期提升观众的感知和情感体验。

4. 色彩校正与画面优化

剪辑师对画面色彩进行校正，使画面在整体视觉上更加和谐统一。通过画面调色、特效处理等手段，提升画面的质感和视觉冲击力。

5. 字幕与特效添加

根据剧情发展和人物对话，添加合适的字幕，帮助观众更好地理解故事内容。最后，还可以运用特效技术，制作片头、片尾、转场等视觉效果，提升作品的整体质感。

6. 视频输出与分享

选择合适的视频输出格式，设置分辨率与帧率，设置视频和音频编码，分辨率越高、帧率越高，画面质量越好，但同时文件体量也会越大。输出成品后可以上传到视频网站分享，也可以听取专业人士和观众的意见，不断改进作品。

二、剪辑思维——蒙太奇

蒙太奇（Montage）来源于法语，原是建筑学上的术语，是连接、装配和构成的意思，指把各种材料安装、组合在一起。对于视频作品而言，蒙太奇是利用视听语言讲故事的一种特殊方式，是视听语言的语法。导演按剧本或策划案所要表现的主题思想，分别拍摄制作镜头，然后按照原定创作构思，把这些不同镜头有机地、艺术地组接（剪辑）在一起。镜头组接产生连贯、对比、联想、悬念、舒缓等效果，从而组成一部完整反映生活、表达主题，能为广大观众所理解的视频作品。这些构成视频作品形式与艺术的方法就是蒙太奇。

蒙太奇的表现形式可以产生于单独的一个镜头中，称为镜头内部蒙太奇，也可以产生于镜头与镜头之间，或场景之间，或段落与段落之间，以至于就整个作品而言，都可以从作品整体的角度分析蒙太奇表现形式。

蒙太奇的原理来自人们在日常生活中观察和理解事物的习惯，所以蒙太奇这种语法，人人都能看懂。

蒙太奇的表现手法分为叙事蒙太奇和表现蒙太奇，其中叙事蒙太奇是构成情节的基础。

1. 叙事蒙太奇

叙事蒙太奇又称叙述蒙太奇，是制作视频作品时最常用的一种叙事方法，以交代情节、展示事件为主旨。叙事蒙太奇按照情节发展的时间顺序、逻辑顺序、因果关系来分切组合镜头、场面和段落，从而引导观众理解剧情。叙事蒙太奇组接镜头脉络清楚，逻辑连贯，明白易懂。叙事蒙太奇常见的有连续蒙太奇、平行蒙太奇、交叉蒙太奇、重复蒙太奇、积累蒙太奇。

（1）连续蒙太奇。连续蒙太奇是指故事叙述沿着一条单一的情节线索展开，按照事件发展的时间顺序连续叙事。镜头的组接以情节和动作的连贯性和逻辑上的因果关系为依据。连续蒙太奇叙事自然流畅，但容易造成情节拖沓冗长、平铺直叙之感。因此，连续蒙太奇是叙事的基础技巧，但在一部视频作品中很少单独使用，需要加入其他蒙太奇技巧，多与平行蒙太奇、交叉蒙太奇混合使用。张杨导演的电影《落叶归根》主要以老赵一个人的行动为拍摄对象，故事按照老赵行动的时间顺序拍摄，从主线来说主要采用的是单线索的连续蒙太奇叙事。

（2）平行蒙太奇。平行蒙太奇又称并列蒙太奇，将两条或两条以上不同时空、同时异地或同时同地的情节线索并列表现，分头叙述并最终统一在一个完整的情节结构之中。平行蒙太奇注重情节的统一、主题的一致、剧情或事件的内在联系。平行蒙太奇应用广泛，可以在自由叙述和时空之间进行转换，丰富视频作品的结构。使用平行蒙太奇的电影例子很多，比如岩井俊二导演的电影《情书》，两个主人公在不同的时空通过书信的方式建立联系，导演通过平行蒙太奇叙述两个人的生活和情感变化。

（3）交叉蒙太奇。交叉蒙太奇又称交替蒙太奇，由平行蒙太奇发展而来，指两个以上的同时的、平等的动作和场景交替表现，其中一条线索的发展往往影响另外几条线索，各条线索发展相互依存，最后几条线索汇合在一起，形成故事高潮。交叉蒙太奇能构成紧张的气氛和强烈的节奏感，加强矛盾冲突的尖锐性，达成惊险的戏剧效果。交叉蒙太奇首创于格里菲斯导演的电影《一个国家的诞生》中的“最后一分钟营救”场景。经过长期实践，交叉蒙太奇常用于警匪片、惊悚片、战争片之中制造惊险的场面，故事结尾处最重要的高潮阶段往往使用交叉蒙太奇技巧。宁浩导演的电影《疯狂的石头》是一部典型的交叉蒙太奇形式电影，数条情节交叉进行，互相影响，最后所有线索汇聚在一起，形成影片的结局。

（4）重复蒙太奇。重复蒙太奇又称复现式蒙太奇，是指选取视频中代表一定寓意的镜头或场面，在关键时刻反复出现，造成强调、对比、呼应、渲染等艺术效果。复现的元素可以是构成视听内容的所有因素，如人物、景物、场景、道具、动作和对白，以及音乐、音响、光影、色彩等，这些元素重复出现，前呼后应，从而增加艺术感染力。使用重复蒙太奇必须有一个前提：这些镜头是前面出现过的。视听形象的重复可以使故事结构更加完整，并产生节奏感。但要注意，每次重复一般都要在内容与形式上有所增减，并且重复中的变化要与剧情推进相一致。许多电影在结尾段落都要对前面出现的重要镜头予以复现，借以点题或深化意境。但要注意重复蒙太奇不能滥用，否则会让观众感到厌烦。

在节目中设置提问回答的节目形式也属于重复蒙太奇的一种，先提出疑问或问题并暂时搁置，等到解答时采用自问自答的重复蒙太奇揭示答案。这种重复的方式强调了问题，适用于科学教育、生活服务类节目。

（5）积累蒙太奇。积累蒙太奇是将某一场景中主体不同、意义近似的一组镜头组接起来，把表现内容和性质相同而主体形象相异的画面，按照动作和造型特征的不同，用不同的镜头长度，剪接成一组具有情绪紧张或情绪扩展的场面，以营造出强烈的气氛和节奏。例如战争片中，反复出现的各种武器发射、不同人物战斗的镜头画面，反映出战场的激烈现况。

积累蒙太奇的镜头与镜头连接，不是逻辑推进的关系，而是彼此平行的关系，有点像排比句。也可以理解成在某一时刻把时间暂停下来，用一组具有具体含义且意义相近的镜头去渲染情绪。

除了以上五种，叙事蒙太奇还包括扩大蒙太奇、集中蒙太奇、倒叙蒙太奇、插叙蒙太奇、叫板蒙太奇等，都是为了更好地讲述事件、发展情节。

2. 表现蒙太奇

表现蒙太奇是以镜头对列为基础，通过相连镜头或相叠镜头在形式或内容上相互对照、冲击，从而产生单个镜头本身所不具有的丰富含义，以加强艺术表现力和情绪感染力，给观众造成强烈的印象。表现蒙太奇的目的不是叙事，而是表达情绪，表现寓意，揭示含义，在长视频作品中常作用于局部的设计。表现蒙太奇强调通过镜头之间的跳接，产生突破性意义，而非常规叙事意义。

表现蒙太奇常见的有对比蒙太奇、抒情蒙太奇、隐喻蒙太奇、心理蒙太奇。

（1）对比蒙太奇。对比蒙太奇又称对照式蒙太奇，是将表现相反内容的镜头组接在一起，利用镜头内容之间的冲突因素造成强烈对比，以强化所表现的内容、情绪和思想的蒙太奇形式。常见的对比内容有贫与富、苦与乐、生与死、高尚与卑下、胜利与失败等性质上的对比，也可以是景别大小、色彩冷暖、声音强弱、动静等形式上的对比。

对比蒙太奇是一种强烈的催动观众情感的手法，于平淡的叙事中产生情感陡变，将贫与富、强与弱、生与死等令人震惊的场面直观呈现出来。对比蒙太奇能在平稳叙事中突然带快影片的节奏，使观众在短时间内变得亢奋，产生注意力上的节奏变化。

（2）抒情蒙太奇。抒情蒙太奇是在叙事的过程中，通过加入渲染情绪色彩的镜头，表现超越叙事剧情之上的思想和情感，往往在一段叙事场面之后，恰当地切入象征情绪情感的空镜头。表现抒情的视听手法有很多，但多数借景寓情，通常的处理办法就是在叙事镜头后面加空镜头，或者人与景置于同一镜头中。加入景物的空镜头虽然与剧情无直接关系，但抒情意味明显。比如张艺谋将《菊豆》故事设置在染坊，利用染布隐喻情感，《大红灯笼高高挂》中的红灯笼也是抒情蒙太奇的设计。但要注意抒情蒙太奇会减缓故事叙事的速度。

（3）隐喻蒙太奇。隐喻蒙太奇通过镜头或场面的并列进行类比，含蓄而形象地表达创作者的某种寓意或事件的某种情绪色彩。例如爱森斯坦在《战舰波将金号》中，把躺着的石狮、抬起头来的石狮、跃起吼叫着的石狮，三个不同姿势的石狮镜头组接在一起，隐喻沙俄人民对冷酷残暴的沙皇制度已达到忍无可忍的地步。隐喻蒙太奇往往将不同事物之间某种相似的特征凸显出来，以引起观众的联想，使观众能够领会导演的寓意。隐喻蒙太奇将外在相同而实质不同的两个事物或完全不同的两个事物在感觉、效果、品质等方面加以并列，用以此喻彼的方式传达主题思想。

隐喻蒙太奇还适合用于广告中。例如德芙巧克力广告画面以光滑的丝巾、流畅的音乐等隐喻巧克力的丝滑口感，将巧克力与生活的中美好体验联系在一起。

（4）心理蒙太奇。心理蒙太奇是人物心理描写的重要手段，通过画面镜头组接或声画有机结合，形象生动地展示出人物的内心世界，常用于表现人物的梦境、回忆、闪念、幻觉、遐想、思考甚至潜意识等精神活动。心理蒙太奇的特点是画面和声音形象的片段性、叙述的不连贯性和节奏的跳跃性，声画形象带有剧中人强烈的主观性，剪接技巧上多用对列、交叉、穿插的手法表现。

心理蒙太奇能表现各种心理作用的镜头，实拍不易实现的情况下可以采用动画表现，或者使用特效的方式呈现，这样更能将想象的镜头与现实结合，如电影《盗梦空间》《爱丽丝梦游仙境》等。

除了以上四种形式，表现蒙太奇还包括象征蒙太奇、色彩蒙太奇等。不同于叙事蒙太奇的作用，表现蒙太奇让两个镜头之和的意义超越它们本身，让观众领略到更深层次的含义。

3. 蒙太奇句子

不同的蒙太奇表现手法是由蒙太奇句子构成的，蒙太奇句子是指使用蒙太奇手法的一种镜头语句。蒙太奇句子不是单一的一两个镜头，而应该是一组镜头，并且这组镜头应该是一个相对独立、自成体系的叙事单元或者表意单元。

蒙太奇句子是导演组织素材、揭示思想、塑造形象的基本单位。蒙太奇句子的容量决定于单位任务，但有时一个任务可用几个句子来表达，一切依据内容的繁简和导演的创作构思来决定。通常蒙太奇句子是场面或段落的构成因素，但有时一个含义丰富、具有相对完整情节内容的长句，比如长镜头内部的蒙太奇调度，一个长镜头就是一个场面或一个小段落。当运用平行或交叉的蒙太奇表现手法时，一个蒙太奇句子则可能由若干个场景组成。

在组接蒙太奇句子时，应注意让不同的景别交替出现，创造丰富的视觉感受。不论画面中景别的变化是由近到远，还是由远到近，一般来说，景别的出现应该是逐次发展的，从而形成一种节奏或旋律，节奏或旋律必须与剧情的发展相一致。

（1）景别组成前进式蒙太奇句子，是指景物由远景、全景、中景向近景、特写过渡。剧情叙述展现的是不断靠近人物，推进剧情向前发展。

（2）景别组成后退式蒙太奇句子，是指景别变化由近景到远景，表示一种由高昂转到低沉的情绪，或由激烈转为平静的情绪，也可以使用由镜头拍摄细节扩展到全部的景别变化。

（3）景别组成环形蒙太奇句子就是把前进式和后退式的蒙太奇句子结合在一起使用。景别变化由全景－中景－近景－特写，再由特写－近景－中景－远景，形成一个景别变化的环形结构，或者也可反过来运用。在视频编辑时，前进式蒙太奇句子和后退式蒙太奇句子往往不是独立存在的，两者结合在一起，就形成了环形蒙太奇句子（图 4–1）。

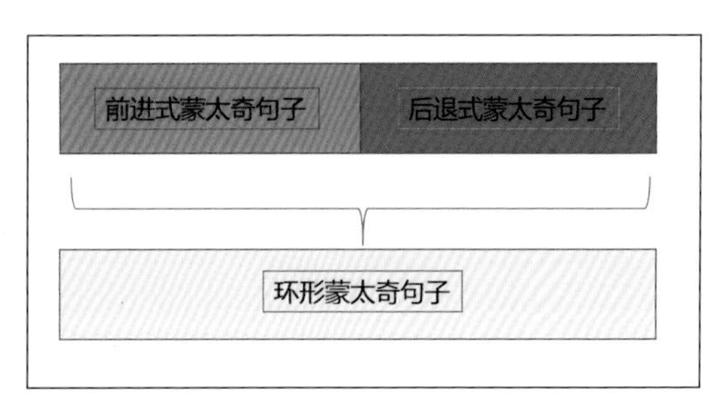

图 4–1　前进式蒙太奇句子和后退式蒙太奇句子组合在一起形成环形蒙太奇句子

前进式蒙太奇句子、后退式蒙太奇句子和环形蒙太奇句子的运用，都是视听语言在长期实践中总结出的剪辑经验。处理蒙太奇句子应注意不同的景别镜头时长的处理。不同景别包含的信息量不同，所以要根据信息多少来设定镜头长短，镜头过长或过短都不利于观众欣赏画面信息。一般来说，导演对蒙太奇句子的景别设计与导演想要表现的主旨相关：以全景为主的蒙太奇句子强调环境，展现人与环境的关系；而特写为主的蒙太奇句子强调人的内心、人性，主观化倾向强。

三、剪辑镜头的方法

数字视频作品是由很多个镜头组成的，而每个镜头是一个个分别拍摄的画面，剪辑的工作就是把一个个各自独立的分散的镜头，创造性地组织成为有机结合的整体。剪辑镜头的方法分为有技巧剪辑和无技巧剪辑。

1. 有技巧剪辑

镜头与镜头之间的有技巧剪辑方式包括淡出、淡入、划出、划入、叠画、闪白、闪黑、黑场、虚焦、定格、分割画面。

（1）淡出、淡入 。淡出、淡入又称淡变，或渐隐、渐显，渐暗、渐明，是指组接两个镜头时，前一个镜头逐渐淡化、隐去，完全消失以后再逐渐清晰显露下一个镜头。淡出、淡入是表示时间转化的一种技巧。淡入表示一个段落的开始（图 4–2），淡出表示一个段落的终结（图 4–3）。

（2）划出、划入 。划出、划入又称划或划变，是指画面中随着一条“竖线”的划过，前一镜头画面逐渐缩小而消失，后一镜头画面逐渐扩大而占满银幕画面。“划”还有一些形状上的变种，如帘出帘入（类似揭开门帘或翻页的动作效果，将前一画面揭过去，后一画面显露）、圈出圈入（用圆线圈的膨胀或收缩来代替竖线）、其他形状的划入划

图 4-2 伊朗电影《小鞋子》——开场淡入镜头
画面从黑转亮，表示故事开始。淡入表示一场戏开始。

图 4-3 伊朗电影《小鞋子》——结尾淡出镜头
画面从亮转黑，表示故事结束。淡出表示一场戏结束。

出等。“划”组接镜头被认为过于生硬，使用得越来越少。

（3）叠画。叠画也称叠化，或称化出、化入。叠画是指相连的两个镜头叠印在一起，同时完成消失和显现的过程。上下两个叠画的画面共同作用，能够产生某种情绪或隐喻。叠画多用来表现回忆、想象和幻觉。叠画所需的时间过程延缓了镜头转换的节奏。叠画渐隐、渐显多是大段落的结束符号。叠画能够表现出明显的时空分割线和剧情过渡感（图 4-4、图 4-5）。

图 4-4 美国电影《辛德勒的名单》蜡烛叠画 1
叠画与淡出淡入的区别就是前后两个镜头叠加在一起，前一个镜头渐渐消失，后一个镜头渐渐出现。

图 4-5 美国电影《辛德勒的名单》蜡烛叠画 2
叠画往往与一个段落结束联系在一起，这里表示影片的序章结束。

（4）闪白。闪白就是在两个镜头之间加入一个类似闪光灯效果的转场特效（图 4-6），用以过渡镜头。闪白可以模拟雷鸣电闪、闪光灯、爆炸闪光、大脑一片空白等效果，属于情节本身的需要，停留的时间可以视情节需要控制长短。作为连接技巧的闪白，常用于表现回忆（幻觉、想象）时，在镜头间加一个闪白技巧（常辅之以音效），表示回忆开始，也叫“闪回”，回忆完毕还要再加一个闪白，表示情节回到现实。闪白还有一种特殊应用就是缓解两个连接不顺畅的镜头，长度很短，也就 2 ～ 3 帧，常用于采访或纪实拍摄中剪掉一段谈话的位置。

（5）闪黑。闪黑就是在两个镜头之间加入一个黑场技巧（图 4-6），表示时间的过渡和间隔。闪黑用的一般都比较短暂，长度大概 2~3 帧，纯粹是两个镜头中的连接技巧，可以模拟相机拍照镜头开合的效果。闪黑表现时间跨度的感觉要长于闪白。

（6）黑场。黑场就是在两个镜头之间加入一个黑色画面的技巧（图 4-7），时长约 2 ～ 3s。黑场的时间比闪黑长，可以形成一个单独的黑场镜头。

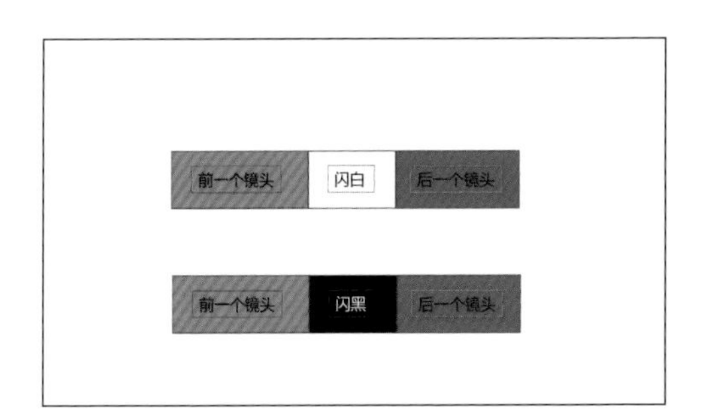

图 4-6 闪白与闪黑镜头组接示意图
闪白与闪黑都是与前后镜头无叠画的组接，形成视觉上的强烈冲击，但时间很短。

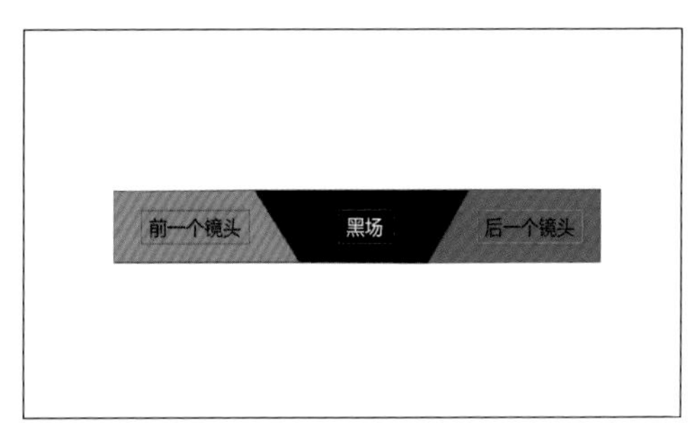

图 4-7 黑场镜头组接示意图
黑场要求与前后镜头要有叠画的组接，形成淡入、淡出的效果，时间相对要长，要让观众看清黑场效果。

黑场所表示的场景过渡意义比淡出、淡入更长，一般是一大段戏结束之后使用，相当于文学语言的另起一章，或启幕、落幕的感觉。使用黑场技巧时一定要注意前一个镜头是渐黑的，后一个镜头是渐显的，中间是明显的黑色画面镜头。有时也可以使用白场，白场和黑场的意义相同。

（7）虚焦。虚焦（虚化焦点）是拍摄时常用的一种技巧，利用对焦点的选择，使画面中的人物发生清晰与模糊的前后交替变化。这样就形成人物前实后虚或前虚后实的互衬效果，使观众的注意力集中到焦点清晰而突出的形象上，从而实现内容或场面的转换。在后期制作时，故意将一个镜头的尾部变成虚焦，以过渡镜头，即焦点变虚的剪辑技巧。虚实互换也可以是整个画面由实变虚或由虚变实，前者一般用于段落结束，后者用于段落开始，达到转场的目的。

（8）定格。定格又称静帧，就是对前一段镜头结尾画面做静态处理，产生瞬间的视觉停顿，接着出现下一镜头的画面。定格是制作视频时常用的一种有特色的转场方法，具有强调作用。定格通过重复播放同一画面来实现。在活动的镜头中截取特定的画面，使观众如同观赏照片一般凝视画面细节，该画面便呈现出鲜明的肖像特征，提醒观众注意这个画面细节（图 4-8）。在影片的片尾处运用定格，能够给观众留下主角的个人标记印象（图 4-9）。

图 4-8 美国电影《末路狂花》——照片定格
定格可以用来模仿拍照，提醒观众注意。此处还用来制作照片道具，作为影片中可以反复回忆的道具，也与结局的变化做出可视的鲜明对比。

图 4-9 韩国电影《蔷花红莲》——结尾定格
结尾处使用定格处理人物肖像，表示人物精神状态永远停留在这一刻，不会长大。定格成为观众可留存的影片意象之象征。

（9）分割画面。分割画面也叫分屏，是将屏幕分割成若干部分，每一部分都显现一个单独的镜头。分割画面一般是为了使一个画面中包含更多的信息，或者是造成场景、人物之间的对比效果。分割画面的结果，造成了单一镜头的多义性，也形成了平行镜头的效果（图 4-10、图 4-11）。

图 4-10 韩国电影《证人》——竖向分割画面
表现打电话的场景，采用分屏，仿佛将两个人放在一个空间，也形成了平行镜头。竖向分屏可以容纳多人分屏。

图 4-11 美国电影《梦之安魂曲》——横向分割画面
横向分屏不多见，将客观视角和主观视角同时展示在一个画面中，扩展了信息，也提供了不同寻常的角度。

2. 无技巧剪辑

无技巧剪辑又称留痕剪辑，简称“切”。“切”是指镜头与镜头的直接切换，是镜头与镜头最基本的组合方式。前一个镜头叫切出，后一个镜头叫切入。“切”具有简洁、明快的特点，运用好“切”的镜头组接技巧，能够引导观众在不知不觉间就完成了视线的转移或空间的换场。无技巧剪辑的目的是不破坏镜头叙事的流畅。

从镜头运动的角度区别，无技巧剪辑分为运动性镜头之间的组接（动接动）、固定性镜头之间的组接（静接静）以及固定性镜头与运动性镜头之间的组接（静接动、动接静）三种剪辑方式。

（1）运动性镜头之间的组接（动接动）。运动性镜头之间的组接是指画面中同一主体或不同主体的动作是连贯的，这样上下两个镜头的动作可以顺畅连接，使镜头过渡得简洁明了，这种镜头连接方式简称为“动接动”。在物体运动时需要采用“动接动”的方法。

在选择剪切点时，要先分析动作，在动作中寻找“停顿”和“转折”（图 4-12），分出主要动作和次要动作，在动作的转折处选定一个合适的剪切点。动作接动作选取剪切点并不受人物的情绪影响。

图 4-12　美国电影《盗梦空间》——动接动
镜头和人物都处在运动中，所以剪切点都在人物运动的停顿和转折处。

对于主体位置固定的画面，可以选择主体姿态刚发生明显变化的瞬间作为动作剪切点。如主体从座位上站起来，可以选择刚刚站起来的瞬间作剪切点，然后省略运动的中间过程，直接剪切运动的结果，也就是站起来的瞬间。

对于主体位置移动的画面，则可以选择运动方向或速度刚发生变化后的瞬间作为动作剪切点。

对于有多个运动主体的画面，一般选择多个主体动势方向一致的画面作为动作的剪切点，或选择形态相似的画面作为动作剪切点。

组接镜头时要考虑运动主体或运动镜头的方向性及动感的一致性。镜头运动方向一致的动接动就是选上个镜头落幅前和下个镜头起幅后较稳定且匀速的镜头作为剪切点。镜头运动方向相反的剪切点，采用静接静，就是运动镜头的落幅接下一个镜头的起幅或者起幅接下一个镜头的落幅，才不会产生视觉跳动感。

（2）固定性镜头之间的组接（静接静）。固定性镜头之间的组接是指在视觉上没有明显动感的镜头的切换方法，这种镜头连接方式简称为“静接静”。现在大多数视频创作追求动感，很少有绝对的静态镜头，“静接静”是相对而言的，是镜头切换前后的部分画面所处的状态。例如两个固定镜头组接时，其中一个镜头主体是运动的，另一个镜头主体是不动的，那么组接方法是寻找运动主体的动作停顿处来切换镜头；或者选取运动主体被遮挡、消失或处于不醒目的位置时切换。当两个运动镜头的运作方向不一致时，就需在镜头运动稳定下来后切换，即保留上一个镜头的落幅和下一个镜头的起幅来进行组接（图 4-13）。

图 4-13　美国电影《一天》——骑车转弯
这是一个动接动的镜头，并且是同一主体同景别、不同机位的剪辑。这样的剪辑方式会带来视觉的跳跃，强调了举手转弯这个动作，唤起观众的注意，可以预知由这个动作将会带来不同寻常的结果。

（3）固定性镜头与运动性镜头之间的组接（静接动、动接静）。固定性镜头与运动性镜头之间的组接分为静接动、动接静两种组接情况。

① 静接动是由上一个镜头的静止画面突然转场成下一个镜头动作强烈的画面，其节奏上的突变对剧情是一种推动。它推动剧情急剧发展，使内在情绪得以迸发，给观众以强烈的视觉冲击。静接动应理解为上个镜头画面主体、镜头不动，下个镜头画面主体、镜头都在动。

② 动接静是指相连的两个镜头，前一个镜头动感十分明显，接一个静止的镜头，会在视觉上和节奏上造成突然停顿的感觉。动接静是对情绪和节奏的变格处理，使观众在由剧烈运动到骤停的突变中，更强烈地感受由单纯动感画面不能创造出的具有更具张力的情感韵律。为了便于理解，动接静应理解为上个镜头画面主体、镜头都在动，下个镜头画面主体、镜头都不动。

运动镜头与静止的固定镜头之间的衔接采用静接静组接，找到运动镜头的起幅或落幅画面，把运动镜头的起幅或落幅画面接固定镜头。

运动镜头与画面内主体运动的固定镜头之间的衔接采用动接静组接，利用主体运动的动势协调前后镜头，将运动镜头与固定镜头中主体动作的起幅或落幅画面衔接起来。

在进行固定性镜头与运动性镜头之间的组接时，要充分利用主体之间的因果关系、对应关系、呼应关系及画面内主体运动节奏的变化，使由动到静、由静到动顺理成章地自然转场。

四、剪辑转场的方法

在视频作品中，场景与场景、场景与段落的连接统称为“转场”。利用有技巧的镜头剪接方式就是有技巧转场。使用特效使两个镜头段落连在一起，特效降低了画面间转换的间隔感，形成视觉的连贯，又造成段落的分隔，增加视觉效果，转场效果较为自然。淡出、淡入和叠画、黑场都是常用的有技巧转场。

无技巧组接的转场，多利用前后两个镜头中的被摄主体在形状上相似，或是同一被摄主体，或者是前后两个镜头在情节发展上具有逻辑关系，比如前后两个镜头的队列能够产生比喻、象征的作用，或直接运用摄像机的运动或镜头中被摄主体的运动来实现时空的转换，还可以借助各种声音来实现转场，使镜头连接、段落过渡自然流畅，无附加技巧痕迹。

无技巧组接的转场方式包括相同主体转场，相似物转场，主观镜头转场，遮挡镜头转场，特写镜头转场，出画、入画转场，运动镜头转场，声音转场，空镜头转场，两级镜头转场等。

1. 相同主体转场

相同主体转场是指前后两个镜头通过同一个被摄主体来实现转场，一般采用先推后拉的镜头方式，需要在剧情中设计一个在两个场景中都有的主体。例如在电影《阿甘正传》中，阿甘开始回忆小时候的故事，他闭上眼睛，镜头切换到儿时闭眼睛的阿甘，实现了时间上多年的跨越（图 4-14）。

图 4-14　美国电影《阿甘正传》同一主体，相似切换
前一个镜头是缓慢推镜头，直到特写成年阿甘，切换到儿时阿甘，然后镜头拉开，显露出当年的场景。

2. 相似物转场

相似物转场是指前后镜头具有相同或相似的主体形象，或者其中物体形状相近、位置重合，在运动方向、速度、色彩等方面具有一致性等因素，以此来达到视觉连续的效果。比如前后两个镜头包含同一类别的主体，如书籍、首饰、笔等，但不是同一个主体，或者前后两个镜头中的被摄主体在外形上或动势上有相似之处。最经典的案例就是库布里克导演的电影《2001 太空漫游》中，猿人扔的骨头在空中翻转，匹配千万年之后的宇宙飞船（图 4-15）。

图 4-15　美国电影《2001 太空漫游》相似物转场、动作匹配
一个史前猿人把一根骨头抛向空中，转动上升的骨头（形状、动作）和下一场景中正在飞行的太空船（形状、动作）匹配。用了一个匹配剪辑，时间就从史前到了太空时代。一个场景的画面和下一场景的画面通过动作的相似匹配起来，动作匹配实现了时间压缩。

3. 主观镜头转场

主观镜头是指与画中人物视觉方向相同的镜头画面。利用主观镜头转场就是按前后镜头间的逻辑关系来处理场面转换问题，可用于大时空转换。为了使镜头组接合乎情理，要求前一个镜头同后一个主观镜头在内容上有因果、呼应的必然联系。例如，前一个镜头是主人公凝视远方，后一个镜头就是看到的场景，情节便由此进一步展开。拍摄纪实类片子时，对于主观镜头要求不那么严格，只是借用前一个镜头中某个人物的视线转移，作为转场的机会。

4. 遮挡镜头转场

遮挡镜头转场指在前一个镜头中，被摄主体被汽车、其他人或物体遮挡，暂时从画面上消失，在后一个镜头，主体又在其他地方出现。遮挡镜头的一种特殊应用是主体迎面而来直到挡住摄像机镜头，形成暂时黑画面，造成视觉上的悬念。在后一个镜头中，被摄主体又从摄像机镜头前走开。两个镜头中的被摄主体可以是同一个，也可以是不同的人，挡黑转场技巧不宜作为一般的镜头转换技巧。

5. 特写镜头转场

特写具有强调画面细节的特点，可以暂时集中人的注意力。因此，特写镜头转场可以在一定程度上弱化时空或段落转换的视觉跳动。也就是说，不论前一个镜头以何种方式结束，后一个镜头都是从特写开始，也能保持视觉流畅。在纪实片中，特写也常被作为镜头转场不流畅的补救手段。

6. 出画、入画转场

出画、入画转场是利用被摄主体动势的可衔接性来实现转场。前一个镜头中被摄主体走出画面，后一个镜头中被摄主体进入另一画面。出画、入画转场要注意保持两个镜头中运动方向的一致。对于水平方向的出画、入画，一般是被摄主体从画框左（右）侧出，接被摄主体从画框右（左）侧入；对于垂直方向的出画、入画，一般是被摄主体从画框上方出，接被摄主体从画框下方进。

出画、入画的转场形式还可以只出不入，或者只入不出。即前一个镜头中的被摄主体走出画面，下一个镜头中的被摄主体已经在另一个场景的画面中了（图 4-16）。

图 4-16　美国电影《群鸟》中女主人公走入宠物店前后两个镜头
这是两个长镜头的组接，前一个镜头女人走进宠物店，完全消失在画面中，下一个镜头女人已经出现在宠物店中，并且女人所处的位置，正是时间上女人走进宠物店应该在的位置。仔细看女人的动作剪切点，选择的是动作将要起来的瞬间。另外要注意，虽然是两个长镜头，但女人运动的方向和视线方向一直向画面右侧，目的明确，行动十分流畅。

7. 运动镜头转场

运动镜头转场是指通过摄像机做推、拉、摇、移、跟的运动拍摄来实现场景转换。摄像机跟拍被摄主体，随着被摄主体的运动实现场景转换，比如通过镜头摇摄、镜头快甩实现场景转换。

8. 声音转场

声音转场是指利用语言、音响、音乐和画面的配合来实现转场。声音转场可以利用声音过渡的和谐性自然转换场景，即通过声音的延续或提前、前后画面声音的相似部分的叠化来实现场景转换。声音提前的转场方式很常见，但声音延后的转场并不多见。奥逊·威尔斯导演的电影《公民凯恩》中，管家用一声问候把两个时期连接在一起，并让观众明白多年过去了（图 4-17）。

图 4-17 奥逊·威尔斯电影《公民凯恩》中声音转场镜头
使用声音转场来压缩时间。声音连接用一声问候把两个时期连接在一起，并让观众明白多年过去了。

9. 空镜头转场

空镜头转场是指利用景物来过渡，实现间隔转场，是最好把握的无技巧转场方式。空镜头大多为山峦、山村全景、田野、天空、车辆、树叶、雕塑等。用空镜头转场具有借景抒情的作用，还可以展示相关环境风貌和时空变化。利用空镜头来实现转场时，一定要选取与前后镜头的内容、与情绪吻合的景物，不能随意插接景物镜头。尤其对于越轴镜头，中间就可以插一个相关场景或物体的空镜头。

10. 两极镜头转场

两极镜头转场是指利用景别的剧烈跳变来实现转场，通常适用于较大段落的转换，能够造成明显的段落感。这种方法在进行小的段落转换时不宜使用，容易显得过于夸张。

目前，视频转场技巧越来越灵活多变，手法也更加复杂，大多采用附加技巧转场和直接切换转场相结合的方法来连接段落。但不论运用哪种方法来实现转场，都要根据视频作品的主题、内容、情节、风格等来处理，从而使转场自然、流畅。

五、剪辑的基本原则

一部视频作品是由许多镜头组接而成，为了使镜头剪辑能够达到阐述作品思想、主题，便于观众欣赏和理解，应遵循以下基本原则。

1. 视频作品整体统一协调

各镜头之间连接要符合剧情逻辑规律，不能使人感到不知所云或无法理解。各蒙太奇段落内的镜头画面亮度、色彩、影调应统一协调，画面的逻辑联系、清晰度、情节内容等也应保持逻辑一致。

2. 镜头组接符合视觉逻辑，保持视觉连贯性

观众在观看视频时，视觉逻辑上的流畅保证了内容传达的流畅。要站在观众的角度思考，保持叙事的连贯性，保持时间上的连续性与空间上的完整性。既不要交代不清，又不能过度重复，避免硬切、跳切。不顺畅的镜头组接会让观众跳出欣赏过程，拉回现实，产生突兀的感觉。

3. 注意轴线问题，保证画面空间和时间的统一

在剪辑过程中，要按照动作的逻辑发展组接镜头。轴线同侧的镜头组接在一起，保证主体方向和位置的统一匹配。如果要越过轴线，就要使用合理的越轴技巧。组接时可以插入过渡镜头，如天空、花草、树木等画面。要保证画面之间在空间和时间上的统一性，避免出现明显的时空错乱。

4. 动镜头接动镜头、静镜头接静镜头

一部视频作品由各种镜头组成，从动态角度区分为固定镜头和运动镜头，还可以细分为主体运动镜头、陪体运动镜头、主陪体运动镜头等。运动镜头又可细分为摇移镜头和推拉镜头等。在动、静镜头的编辑组接上，一般要求动镜头与动镜头相接，静镜头与静镜头相接，以保证画面切换连贯流畅。

5. 动、静镜头之间用缓冲因素过渡

动镜头接静镜头或静镜头接动镜头，要寻找镜头间的缓冲因素进行过渡。缓冲因素是指镜头中主体的动静变化或运动的方向变化，或动镜头的起幅、落幅和动静转换等。利用缓冲因素制造剪切点，使前后镜头仍保持动接动、静接静的关系，镜头的切换可以保持连贯流畅。

6. 选好动作剪切点

在展示运动画面时，切忌前后镜头的画面中动作重复，让观众产生动作多余的感觉。如果前一镜头画面的动作处于动作变化中，后一镜头画面的动作则应接动作变化的过程中的动作，剪掉与上个镜头中重复的动作，以保证动作连贯和变化自然。

7. 选好情绪编辑点

情绪编辑是从心理感受角度出发，通过镜头组接表现被摄对象的心理活动。情绪编辑没有规律可以套用，是一种极具个性的处理方式。要把握情绪节奏，抓住心理活动节点，找到恰当表达情绪的镜头，添加写意镜头。

8. 选好节奏编辑点

节奏编辑点分外在节奏和内在节奏。外在节奏是指形式上的节奏感，主要体现在镜头长度的变化、镜头动静的差异、音乐音效的节奏，表现为形式上的快慢节奏。内在节奏指内容上的节奏把握，即叙事节奏，指艺术作品的情节发展与情绪演进中所显示出来的轻重、缓急、快慢的变化。把握住内外节奏，使内外节奏和谐发展，能够达到较好地传达主题的效果。

剪辑节奏要与视频的情感表达相呼应。场景紧张激烈，切换节奏加快，可以营造出紧张的气氛；而舒缓的场景可以使用相对较慢的切换节奏，使观众感受到平静和舒适的氛围。

9. 避免三同镜头组接

同一主体镜头画面的组接，前后两个镜头在景别或视角上应有显著变化，否则失去了剪切的意义。切忌三同镜头直接组接，也就是同主体、同景别、同视角镜头的组接，会出现令人不适的跳帧效果。

10. 恰当运用跳切剪辑技巧

跳切的实质是为了省略时空，以跳切为主的电影开创了电影的诗化手段。跳切可以用但要慎用。同机位跳切画面要简单、单纯，画面内动作足够大，可以省略时间，焦距要保持不变。不同机位的跳切比较少见，可用于越轴，开启下一剧情段落（图 4-18）。动作跳切需要相同相似的动作才能跳切（图 4-19）。

图 4-18　美国电影《致命吸引力》越轴处理
利用移镜头做了越轴处理，因为移镜头降低了越轴跳跃感。越轴后，二人的关系有了显著变化，开启了下一段落，越轴也意味着超越常规，带来危险。

图 4-19 美国电影《爵士春秋》动作跳切
每个新舞蹈演员在进行舞台试演时都被单独拍摄，每次镜头切换都有一位新的舞蹈演员在同一位置继续前一演员的动作，这样一来若干舞蹈演员好像变成了一个。动作匹配跳切既表现了时间的流逝，又表示了演员的更替。

11. 适当运用创新性镜头

为增强画面的视觉冲击力和艺术表现力，剪辑中可以尝试运用一些创新性的镜头手法，如画面倒置、旋转、慢动作等，但要注意与情节契合、适度使用，使画面色调协调，避免过度追求花哨技巧而影响整体的观感。

12. 音乐、音响与画面融合

剪辑时要注意音乐、音响与画面的融合。音乐应能恰到好处地衬托出影片的氛围和情感，音响应能做到还原真实场景、加深画面含义。

六、各类视频节目剪辑要点

剪辑视频节目的总体要求是熟悉素材，在素材中准确地选择合适的镜头、找到切换点、调整节奏等，确保节目整体的连贯性和逻辑性。在剪辑过程中还需要注意镜头画面的稳定性、色彩的一致性、声音的清晰度等问题，保证最终呈现出的视频作品符合制作播出要求。

从视频节目播出的平台考虑，剪辑要兼顾平台特征，兼顾大屏小屏的播放要求。随着网络的发展，观众逐渐接受了网络视频片段化、跳跃化的思维方式，但并不意味着观众能接受不合理的剪辑方式，所以要尊重各类视频节目特点，掌握视频节目特点并了解各类视频节目的剪辑方法，不同的视频节目剪辑要点有所不同，下面对新闻资讯类节目、综艺娱乐类节目、影视剧、科学教育类节目、生活服务类节目剪辑要点进行讲解。

1. 新闻资讯类节目剪辑要点

新闻资讯类节目要抓住观众，首先要做好新闻提要，用简明的语言把本次新闻节目中最重要、最新鲜、与百姓关系最密切的内容概括出来，标注在开头画面中。很多新闻资讯类的短视频都采用这种制作方法，并将新闻内容提炼成标题作为视频封面，吸引观众注意。

新闻资讯类节目剪辑时不仅是按照新闻事件进展的顺序叙述，更要注重故事化叙述，适当加入悬念。在镜头组接不畅时，考虑加入视觉特效实现镜头间的平稳过渡。为丰富新闻内容，要插入新闻影像资料，对难以用语言描绘清楚的现场或科学内容，可以采用动画解析。新闻资讯类节目同样要注重有声语言的使用，注意采访声音的收录。在保持新闻客观性、真实性的基础上，可以适当添加音乐。

2. 综艺娱乐类节目剪辑要点

综艺娱乐类节目以其轻松、幽默、多样化的特点带给观众精神愉悦和审美享受。综艺娱乐类节目要制造临场效应，要让观众体会到现场参与感。剪辑要注重节奏把控，根据节目内容的特性和观众的需求，合理安排节目进程。快节奏的内容，如游戏环节、表演等，可以通过剪辑手段将紧张、刺激的瞬间突出展现，给观众带来身临其境的感受；而慢节奏的内容，如访谈、互动环节等，则可以通过剪辑增加悬念和趣味性，让观众在轻松愉快的氛围中享受节目。

综艺娱乐类节目的核心目的是娱乐观众，因此剪辑时要特别关注笑点的强化。通过剪辑手段，将嘉宾的幽默表现、互动中的搞笑瞬间等放大，让观众更容易产生共鸣和笑声。除了笑点外，综艺娱乐类节目还需要通过剪辑手段来渲染情感。比如在嘉宾分享个人经历、表达情感时，剪辑师要运用合适的剪辑手法，如音乐、画面处理等，来增强情感表达，让观众产生共鸣。

综艺娱乐类节目中往往有许多亮点，如嘉宾的出彩表现、独特的互动环节等，剪辑时要将这些亮点突出展现，让观众能够充分感受到节目的精彩之处。可以通过剪辑手法、特效、字幕提示等方式来突出亮点，吸引观众的注意力。

综艺娱乐类节目分类很多，要根据节目的整体风格和目标受众来调整剪辑手法，使节目更加符合观众的审美需求。

3. 影视剧剪辑要点

影视剧剪辑是一门艺术，它要求剪辑师不仅要有技术，更要有创意和审美。影视剧剪辑注重影视剧的节奏控制，确保镜头衔接流畅自然，注重声画关系，恰到好处地使用声音增加影视剧的感染力。

影视剧剪辑要注重情节连贯性，即镜头之间的切换要符合剧情发展的需要。剪辑师需要深入了解剧本和角色，确保剪辑出的画面能够清晰地表达剧情和人物关系。

音乐与音效是影视剧剪辑中不可忽视的要素。合适的音乐和音效能够增强画面的感染力，让观众更好地进入剧情。剪辑师需要根据剧情和场景选择合适的音乐和音效，并进行精心的剪辑和配合，以达到最佳的效果。

影视剧剪辑要注重创意与审美。剪辑师需要发挥自己的创意和想象力，为观众带来新颖、独特的视觉体验，剪辑出的画面美观、富有涵义。

4. 科学教育类节目剪辑要点

科学教育类节目在普及科学知识、激发探索欲望、培养科学思维、拓宽视野以及推广科学价值观等方面发挥着重要作用（图 4-20）。为保证知识的准确传达，应注重画面主体的直观形象性，若能将复杂的知识以简单生动的形式表现出来，观众可很快理解和接受。

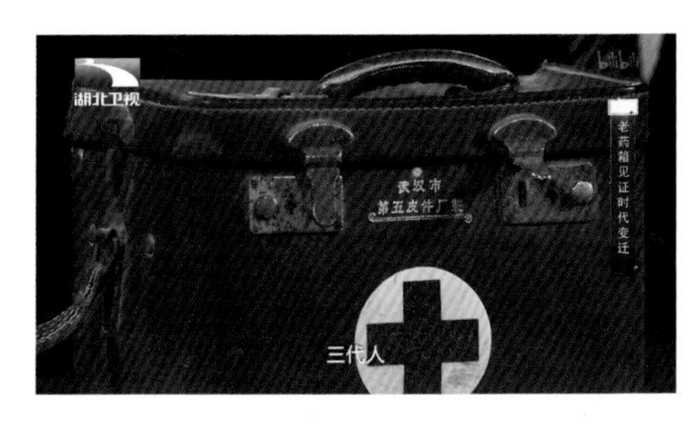

图 4-20　湖北卫视节目《改变中国的真理力量》
科学教育节目要通过深入浅出的方式，注重知识性、趣味性，在谈话过程中要按照谈话节奏进行镜头切换，既有特写镜头，也可以使用远景镜头。远景镜头的使用表明一个段落结束，从视觉上唤起观众的注意。

剪辑科学教育类节目要注意景别角度的和谐性，避免长时间景别毫无变化，给观众带来疲劳感。讲授知识的上下连接要顺畅，也就是视频转场要顺畅，让观众产生沉浸感。注意特殊画面的应用和剪辑，以更好地加强观众对知识的理解。

科学教育节目类应该用充满趣味性的方式讲述知识，建立观众对知识的好奇心。

5. 生活服务类节目剪辑要点

生活服务类节目旨在向观众提供实用的生活技巧、健康建议、消费指南等内容，帮助观众提高生活质量。生活服务类节目的特点是内容实用、体现人文、贴近生活。

剪辑生活服务类节目要注意去除录制时无关或重复的镜头，使节目内容更加紧凑和精彩。要突出重点和亮点内容，通过剪辑手法将对观众具有实用性和吸引力的内容突出展示，引起观众对节目的关注。生活服务类节目可以将竞技、表演、访谈、真人秀的特点引入节目制作中。节目片头设计应带给观众视觉震撼，节目片花设计应带给观众新鲜感和新奇感。

生活服务类节目不仅要有丰富的内容，还需要有良好的视听效果。在剪辑时，要注重画面和声音的协调，确保画面清晰、音质清晰。同时，要注意背景音乐的选择和运用，使其与节目内容相协调，营造出舒适、宜人的观看氛围。

七、声音剪辑要点

声音蒙太奇是剪辑过程中对声音元素的选择性创作和组接，以声音的最小可分段落为时空单位，在画面蒙太奇的基础上，进行声音与画面、声音与声音之间的有机组合。声音与画面之间的关系表现为时间同步关系、时间非同步关系，空间同步关系、空间非同步关系，心理同步关系、心理非同步关系，这为声音的剪辑提供了依据，即首先需要弄清声音的作用，再考虑声音的剪辑方式。

1. 声音与画面关系的处理

在处理声音与画面的关系时，声音与画面的关系分为声画对位、声画分离和声画对立三种方式。

（1）声画对位。声画对位通过声音和画面的有机结合，创造出更加生动、真实的视听效果。在对白或独白时，对白与独白声音要与发声者是对应的，这样可以让观众明白谁在说话。当声音与画面同步时，观众可以更加直观地理解场景的氛围和情感。例如，在恐怖氛围中，配以惊悚的音乐和声音效果，观众可以更加深入地感受到角色的恐惧和紧张情绪。在表现母爱、分离场景时，配上感人、温馨的音乐，可以更好地唤起观众的情感。

（2）声画分离。声画分离通过将声音与画面进行分离处理，达到特定的艺术效果和情感传达。在对话过程中，声音与说话人是对应的，这时可以插入倾听者的镜头，虽然对于说话人而言是声画分离，但插入反应镜头可以让观众更好地了解谈话的效果，也避免长时间盯着一个人的单调。

在声画分离的处理中，声音和画面不再是简单的同步关系，而是呈现出一种复杂的对立和统一关系。

（3）声画对立。声画对立挑战传统叙事逻辑，将声音与画面推向了两个截然不同的方向，使得观众在欣赏时不得不重新思考声音与画面的关系，以及它们是如何共同构建叙事。

在声画对立的叙事中，声音与画面呈现出一种相互矛盾、相互冲突的状态。画面所呈现的视觉信息与声音所传达的听觉信息，在情感、逻辑或主题上产生了明显的对立。这种对立让观众感到困惑，同时也激发了他们探索影片深层含义的欲望。例如当角色悲伤时，画面上可能出现阳光明媚的场景，而声音则是悲伤的旋律，这种声画分离的处理方式可以让观众更加深刻地感受到角色的情感。在 1987 版电视剧《红楼梦》中，众人一起游玩时大家都很开心，但林黛玉见景生情、感怀于心，此时的美景和众人的嬉闹声更衬得林黛玉形单影只，才有了后来的“黛玉葬花”。

在实际的剪辑过程中，声音与画面的关系是不断变化的，一直保持声画对位，或者一直保持声画分离都会让观众感到厌烦，声画对立更要根据剧情谨慎使用。在一部视频作品中，声音和画面的关系是声画对位——声画分离，或声画分离——声画对位；声画对位——声画分离——声画对位，或声画分离——声画对位——声画分离的方式，处在不断变化过程中。

2. 声音的编辑处理方式

从声音剪辑的角度来讲，声音的编辑处理方式包括声音切入切出、声音导前、声音延续、声音渐显渐隐、声音重叠、利用声音转场等。

（1）声音切入切出。声音切入切出类似于画面的硬切，不对声音的切换做任何技巧性的剪辑。在对话时经常使用这种剪辑方式。声音切入切出是最基本的声音剪辑方法。

（2）声音导前。声音导前是指画面尚未出现，但声音提前出现，用声音引导画面出现。声音导前现在已经成为较为常用的利用声音转场的方式，让下一个场景的声音提前在上一个场景出现，转移观众的注意力。当切换到下一个场景，声音主体出现后，就会转化为声画同步。

（3）声音延续。声音延续是指镜头已经结束，但伴随画面的声音延续到了下一个镜头之中。也就是说上一个画面的声画对位，到了下一个画面变成了声画分离。如果是人声，可能会产生余音袅袅的效果。但用得较多的是音乐，用音乐表现上一个场景意犹未尽的余韵，由一场戏过渡到另一场戏，或者音乐延续到空镜头、黑场，作为场景或整个片子的结尾。

（4）声音渐显、渐隐。声音渐显、渐隐是指声音出现的方式，运用渐显、渐隐的方式如同画面的淡入、淡出效果，使声音的出现和消失不那么突兀。例如加入音乐时使用渐显、渐隐，可以让观众们更好地感受音乐的魅力。

（5）声音重叠。声音重叠是一个能创造出丰富音效和独特氛围的技巧。在声音重叠的过程中，两个或多个声音信号在同一时间播放，产生了一种混合的效果。这种效果可以是和谐的，也可以是冲突的，取决于重叠的声音类型和它们之间的相对音量。例如对于紧张的场景，可以使用声音重叠来模拟一种混乱和惊恐的氛围，通过重叠的尖叫声、撞击声和急速的呼吸声，使观众感受到强烈的紧张感。

（6）利用声音转场。声音转场是指利用声音进行转场。例如电视上正在播报新闻，伴随新闻的声音，转到新闻现场；或者是上个场景的电话铃声响了，下个场景同样是电话铃声，却可能是三个月之后的时间。声音转场是声音蒙太奇的有效应用。

3. 不同类型声音的剪辑要求

声音分为音乐、音响和人声三种类型，在剪辑时，音乐、音响和人声分别放置在不同的音轨上，分别加以处理。要注意不同类型声音的剪辑要求各不相同，根据节目类型的差别，对音乐、音响和人声三种声音的处理方式各不相同。例如纪实性的新闻类数字视频和其他类型的数字视频性质差别较大，对音乐、音响和人声的编辑处理要求也不同。

（1）音乐编辑。对于新闻类视频来说，音乐可以成为表现手段，但要谨慎使用，音乐编辑不能过于艺术化。而其他类型的视频作品要认识各种音乐的特性，音乐的编辑应注意流畅，音乐与画面的组合能创造出新的含义。音乐可以作为故事主题象征性地运用，也可以外化为物件如唱片机作为可以移动的道具来使用。音乐的歌词可以作为人物的声音，比心理独白更能表现人的内心思想。观众会期望出现在视频中的歌词是有意义的。

（2）音响编辑。新闻类视频的音响强调原汁原味，在音响中蕴含着大量的非语言信息，新闻中的音响以能让观众听清为宜。其他类型的视频作品要注意既要通过音响营造真实的视听效果，更要利用音响传递超出画面的信息。

音响可以分为现实音响、表现性音响、超现实音响、外部音响。现实音响是现实中有的声音。现实音响可以处理成表现性音响，放大声音的效果，比如放大铃声、放大脚步声，让观众注意到不正常的现实声音，揣摩导演这样处理声音的含义。超现实声音指任何表现人物内心世界的声音，如噩梦、梦境、幻觉、愿望等。例如电影《夏洛特烦恼》中，夏洛穿越到高中教室，听到老师和同学的声音就是超现实的处理方式，直到他开始接受这个穿越，声音才恢复正常。外部音响是故事世界中的人物听不见也不会对之做出反应的声音，不属于场景里的音响效果声。外部音响的目的在于告诉观众场景的含义。例如美国电视剧《法律与秩序》的转场音效，营造了紧张、庄重的氛围。

（3）人声编辑。新闻类视频的语言必须真实、准确、精炼、贴切，语音和画面组合要相得益彰。其他类型的视频作品的人声语言要富有创造性，剪辑时要把握好语言的节奏。在进行对话剪辑时，要确保剪辑后的对话仍然保持连贯性。避免剪辑导致对话中断或产生歧义。如果需要删除某些部分，要尽量保持对话的完整性和逻辑性。人声编辑时，背景音乐和音响的选择也非常重要，音乐和音响可以增强情感表达，为观众创造更加沉浸式的体验。选择与剪辑内容相匹配的音乐和音响，并注意控制音量平衡，以确保音频的和谐统一。

第二节 Adobe Premiere 创作实例

Premiere 简称 Pr，是由 Adobe 公司开发的一款功能强大的视频编辑软件。Premiere 提供了丰富的数字视频编辑功能，包括剪辑、调整、合成、色彩校正等，使视频编辑更加高效和灵活，满足各种剪辑需求。Premiere 以其出色的视频编辑性能、广泛的应用领域和与 Adobe 其他软件的良好兼容性而广受好评。Premiere 软件在视频编辑领域具有举足轻重的地位，被广泛应用于电影、电视、广告、宣传片、短视频等的制作。

一、Premiere 功能介绍

Premiere 软件的主要功能有视频剪辑、视频转场特效、调色、音频处理、添加字幕、视频输出，并能与 Adobe 公司其他软件兼容（图 4-21）。

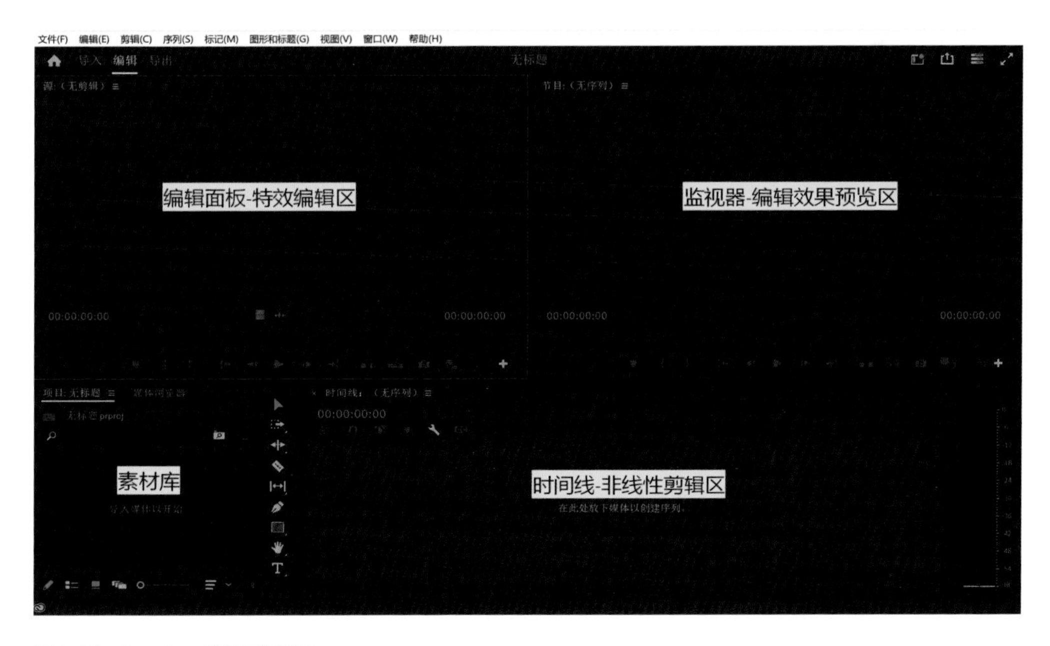

图 4-21 Premiere 软件操作界面

1. 视频剪辑功能

Premiere 软件具备强大的视频剪辑功能，可以对视频进行精确到帧的切割、拼接和组合。用户可以将多个视频片段、音频轨道和图像素材精确地剪辑和拼接在一起，以创建出高质量的视频作品。它还支持多轨道编辑，使用户能够轻松地在同一时间线上处理多个视频轨道和音频轨道。

2. 丰富的转场效果

视频转场是视频编辑中常用的一种技巧，用于实现不同场景之间的平滑过渡。Premiere 软件内置了丰富的转场效果库，用户可以为视频添加各种风格的转场效果，如淡入淡出、缩放、旋转等。用户可以通过添加各种转场效果来增强视频的视觉效果和吸引力。这些效果的应用可以显著提升视频的观感和流畅度，能够轻松实现专业的视频制作效果。

3. 调色功能

Premiere 软件的调色功能非常强大，用户可以对视频的色彩、亮度、对比度等参数进行精细调整。通过调整色域、色彩平衡、曲线等工具，用户可以实现各种独特的视觉效果，使视频呈现出不同风格的色彩效果。

4. 音频处理

Premiere 软件在音频处理方面也很强大。用户可以对音频进行剪辑、音量调整、均衡器调整等操作，实现音频与视频的完美同步。此外，Premiere 软件还支持音频特效的添加，如混响、变声等，为视频增添更多趣味性和创意性。

5. 添加字幕

Premiere 软件提供了强大的字幕编辑功能。用户可以在视频中添加各种样式的字幕，包括滚动字幕、静态字幕等。同时，Premiere 软件还支持字幕字体样式、颜色、大小等属性的自定义设置，满足用户个性化的需求。

6. 输出

完成视频编辑后，用户需要将视频输出为可播放的文件格式。Premiere 软件支持多种输出格式的设置，如 MP4、AVI、MOV 等。用户可以根据需要选择合适的输出格式和分辨率，确保视频在不同设备上的兼容性。现在 Premiere 软件还支持直接将视频分享到社交媒体平台，方便用户分享创作成果。

7. 软件兼容性

作为 Adobe 家族的一员，Premiere 与其他 Adobe 软件（如 After Effects、Photoshop 等）具有良好的兼容性，方便用户进行跨软件工作，以生成更酷炫的音视频效果。Premiere 还支持多种音频和视频格式，使用户能够轻松导入和处理各种不同类型的素材。它还支持与其他 Adobe 软件集成，如 Adobe Photoshop 和 Adobe Audition，使得视频制作流程更加顺畅和高效。

二、剧情类数字视频创作实例

剧情类数字视频包括电影、电视剧、剧情类栏目、微电影、微短剧等。电影、电视剧主要由大型影视机构制作，剧情类栏目也都是由电视台、专业影视公司制作。微电影和微短剧创作更加自由灵活，可以由小型影视团队制作完成。

微电影是剧情类数字视频的典型代表。一般来说，微电影的时长在几分钟到几十分钟不等，远远低于传统电影的标准长度。然而，这并不意味着微电影在内容上会有所缩减。相反，微电影需要在有限的时间内，通过紧凑的剧情、精炼的台词和出色的表演，将故事的情感和主题传达给观众。微电影不同于传统的电影和电视剧，以其短小精悍、灵活多变的特点，深受观众喜爱。借助短视频平台，微电影获得了更多发展机遇。

微电影的创作拍摄，相当于把原有电影模式进行微型化和通俗化，契合短视频创作的特点和要求（图 4-22）。创作自由和大众化的网络环境，为微电影开创出新的数字视频天地。微电影创作形式和视频传播形态都在不断发展变化，呈现更多全新的视频影像特点和形态。微电影通常具有鲜明的主题和深刻的内涵，往往聚焦于社会热点、人性探索或情感故事等主题，通过短小精悍的叙事方式，引发观众的共鸣和思考。这种深度和内涵，使得微电影在短短的时间内能够传达出丰富的情感和思想，给观众带来强烈的冲击和震撼。

图 4-22　微电影拍摄现场

微电影具有灵活多变的创作形式，它不受传统电影制作规范和限制的束缚，可以更加自由地发挥创作者的想象力和创造力。无论是拍摄手法、剪辑技巧还是音乐配乐，微电影都可以根据剧情需要进行灵活调整和创新尝试。这种创作上的自由度，使得微电影在形式和风格上更加多样化和新颖独特。

微电影的主要特点包括体裁短小紧凑、题材个性自由、叙述碎片化、小制作、互动分享性强等。

1. 微电影创作实例

以下微电影创作实例为辽宁师范大学数字媒体艺术专业学生李莹茵、蔺天娇、王思维、李俊喜、陈海萌创作的微电影《寻找》（图 4-23）。

微电影《寻找》的故事梗概为原本生活迷茫、没有动力的大学生郑毅，在参加红风研究会的过程中，不断成长，变得更加优秀，最终找到自我，变得热爱生活的故事。

图 4-23　微电影《寻找》剧照

微电影《寻找》的创作流程包括前期策划、中期拍摄、后期剪辑，最终输出成品。

（1）前期策划。故事灵感来源于某学校的社团红风研究会，这是一个宣讲党的故事的学生社团。微电影以这个社团为拍摄原型，打造了一个学生通过社团改变自我的故事。社团的主要活动为宣讲，微电影以宣讲为人物活动主线，并插入了一条感情线。

微电影拍摄前期最重要的是打磨剧本，此次大约花了一个月时间，修改五六次，才定下终稿（图 4-24）。接下来是分镜头脚本创作（图 4-25），分镜头脚本是指导现场拍摄的重要依据，也是导演对成片的初步构想。

1.日 外 街道的长椅
树影斑驳，校园里人来人往，风吹着树叶沙沙响，郑毅悠闲地走在校园里，像是在回忆些什么。郑毅无聊地四处张望着，不远处一个小女孩的身影吸引了郑毅的目光。小女孩蹲在路边，不知道在玩些什么。小女孩忽然抬起头，目光正好跟郑毅对上了。
郑毅笑了笑，冲小女孩挥了挥手。小女孩看了看郑毅又转过头，没有搭理郑毅。
郑毅（不好意思地挠了挠头），他走到小女孩身边，弯下腰。
郑毅（弯腰俯身）：小妹妹，你在玩什么呀？
小女孩专心地用小木棍拨弄着泥土，不搭理郑毅，似乎对郑毅丝毫不感兴趣。小女孩依旧蹲在地上专心地玩泥土，郑毅有些尴尬地准备离开，这时候小女孩说话了。
小女孩：我很无聊。
郑毅正准备离开，听到小女孩的声音立刻转过身子。
郑毅：这么巧啊，我也很无聊。
小女孩不再说话，郑毅看着小女孩，蹲了下来，试图和小女孩持平视线。
郑毅：你怎么不说话呀？
小女孩：我不想说话。
郑毅：嗯……（像是在思考些什么，突然笑了一下）
小女孩（突然抬头，惊讶地看向郑毅）：你笑什么？

图 4-24 微电影《寻找》剧本（部分）

镜号	景别	拍摄方式	画面内容	人物对白	音乐（音响）	备注
1	近景	固定镜头	空镜头：树叶被风吹，映射阳光		环境音	
2	近景	固定镜头	空镜头：半坡亭的花随风律动		环境音	
3	全景（特写）	固定镜头	空镜头：学生（背影）来来往往背着书包走，郑毅走进镜头（画面右下角，取人物肩部以上侧脸）（伴随着郑毅走进镜头，焦距变化：由学生清晰变郑毅清晰）		环境音	
4	全景	固定镜头	郑毅慢慢悠悠地走上半坡亭，看着远处小女孩玩的方向		环境音	
5	中景	固定镜头	小女孩（背对镜头）蹲在路边玩		环境音	
6	中景	固定镜头	郑毅走到椅子边，坐在椅子上，笑着看着小女孩在玩		环境音	

图 4-25 微电影《寻找》分镜头脚本（部分）

故事板是将导演构思的分镜头脚本具象化的分镜头设计，使用故事板可以更好地指导摄像，可以让工作人员提前看到导演构思，方便场面调度。微电影《寻找》也制作了关键场景的故事板（图 4-26），用于指导拍摄。

图 4-26 微电影《寻找》故事板（部分）

前期的工作还包括组建创作团队，做好各项工作分工，找到适合角色的演员，准备好拍摄现场需要的服装、道具，租赁拍摄器材和拍摄场地，完成拍摄计划。制定拍摄计划主要为了指导中期拍摄，不但要协调好各方工作，更要做好备案计划，以便能顺利完成拍摄任务。

（2）中期拍摄。在拍摄中，演员如何调度、摄像机如何调度都是需要考虑的问题。在这个过程中，要不断地与摄像师沟通怎样使画面看起来更有美感，哪个镜头让演员看起来更加好看，注意现场布光、现场收音。导演要找到一个最能反映立意和主题的构图和景别。

在镜头调度中，要注意镜头的运动方式对镜头表意的影响。固定镜头会带给观众画面视觉的稳定性、画面框架的静态性、欣赏画面内容的自由性、画面表现的客观性等优点。恰到好处地使用运动镜头，有助于将观众从旁观者的地位，逐渐引入画面中，成为身临其境的参与者，从而增加真实感及传播深度。使用摇、移镜头能引起联想和对比，从而渲染开朗、舒畅，或者压抑、紧迫等各种气氛和情绪。一个镜头中一定要有一个趣味中心，也就是吸引观众目光之处。

在对演员进行调度时，要认识到演员对整部微电影创作的重要性。导演注意引导演员的情绪进入角色，演员应该提前查看脚本并确定场景要表现的主要情绪。角色在那个时刻应该感受到什么，演员的表演就应该传达出来。例如，如果角色是一种故作坚强的状态，角色表现的状态可能是说话更加温和，并且使用的手势比兴奋的时候少。可以用场景的情绪状态标记演员的情绪状态（图 4-27）。

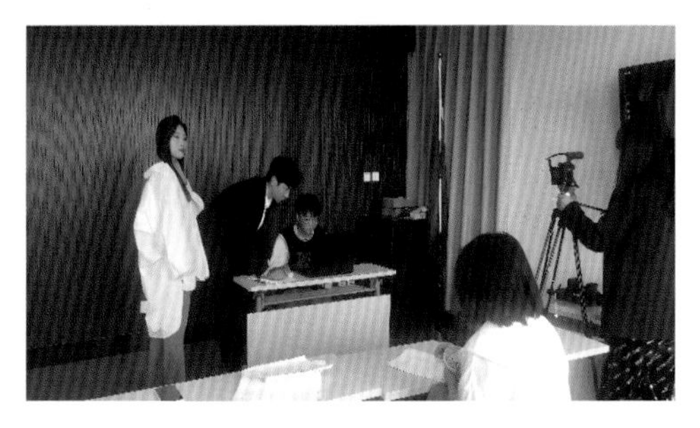

图 4-27　微电影《寻找》拍摄现场

在拍摄过程中，要注意千万不能漏拍关键性镜头，要多拍几遍，多找几个角度拍摄，因为后期剪辑时不会嫌镜头多，但缺少镜头却要多花很多力气补拍。拍摄时可以拍一些细节性的特写、空镜头，也许会在后期发挥意想不到的作用。

（3）后期剪辑。后期剪辑的第一步要进行镜头整理（图 4-28），挑选出拍摄好的镜头给剪辑师进行粗剪，初步理顺整个片子镜头。故事必须在粗剪的时候就以初步完整的形态呈现。粗剪之后是精剪，调整控制影片节奏，添加、调整人声、音乐、音响，完成画面特效、声音特效、转场特效。最后环节就是对作品的包装，包括片头、片尾的制作。

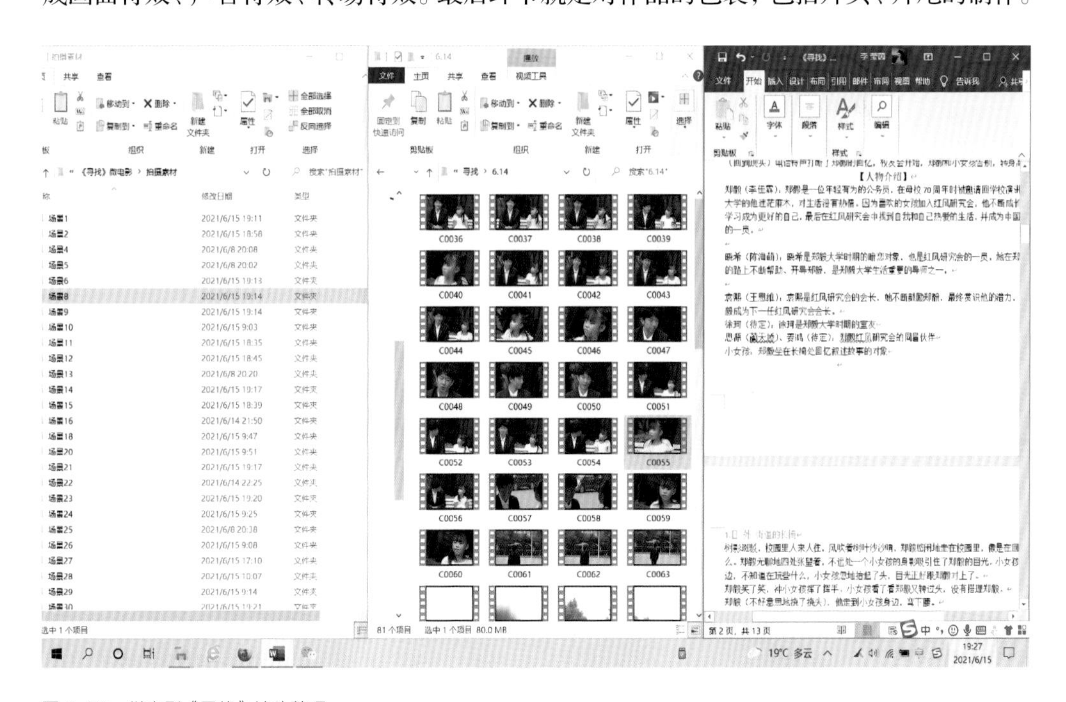

图 4-28　微电影《寻找》镜头整理

后期剪辑一定要注意节奏，一个优秀的剪辑师关键就是用剪辑的思维去控制整部戏的节奏。拍摄过程中如果出现了一些问题，那么剪辑的重要性就体现出来了。适当的剪辑节奏能够吸引观众的注意力。剪辑的作用是选择需要的素材，然后进行拼接用来支持和反映主题。剪辑点的选取至关重要，虽然会出现舍不得剪掉画面的情况，但还是需要秉持为故事服务的想法进行剪辑。

2. Premiere 剪辑微电影《寻找》流程

（1）打开 Premiere 软件，新建项目《寻找》，导入拍摄素材。软件会自动创建相应的序列，也可以预设序列参数，这里采用 1080P、25 帧 / 秒帧频。

（2）将需要剪辑的素材拖到时间轴。一般主素材在 V1 轨道上，其他视频素材可以添加到 V2、V3 轨道上。Premiere 支持多视频、音频轨道编辑。

（3）可以通过窗口预览视频素材。按照剧本设定，选择合适的素材拖至时间轴，使用选择工具移动视频素材，使用剃刀工具剪切掉多余的片段。可以通过拖动时间轴上的指针，直接预览剪辑效果（图 4-29）。

图 4-29　微电影《寻找》剪辑页面

（4）剪辑时首先要注意镜头画面的景别组接是否和谐，镜头画面的色彩、明度是否基本一致。最主要的工作是镜头剪辑点的选取，遵循动、静镜头的组接要求（图 4-30）。

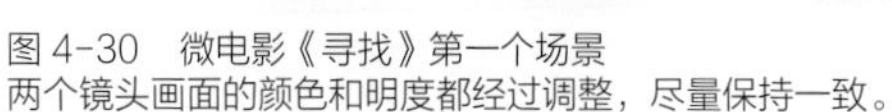

图 4-30　微电影《寻找》第一个场景
两个镜头画面的颜色和明度都经过调整，尽量保持一致。

（5）微电影《寻找》的故事相对比较简单，主要内容为男主人公参加红风研究会社团的故事，通过男主人公的行动和视角来叙述，整体结构为单线索叙事。所以故事开始设置了男主人公与小女孩相遇的情节，让男主人公以回忆的方式讲述整个故事。为了表现剧情闪回到过去，镜头运动上由主人公身上摇到天空，下一个镜头则是从天空摇回到在主人公身上，但时间已回到多年前。为表示时间的转换，两个镜头间添加了白场，作为转场特效（图 4-31）。

图 4-31　微电影《寻找》白场特效

白场特效的制作方法为选择“效果”面板——“视频过渡”——“溶解”——“白场过渡”（图 4-32），拖动“白场过渡”特效到两个镜头之间，就形成了白场特效（图 4-33）。同样的，也可以选择黑场过渡。

点击添加在视频上的“白场过渡”特效，在效果控件面板中可以对白场的时间、对齐方式进行设定，以取得更好的过渡效果（图 4-34）。

图 4-32　白场特效位置

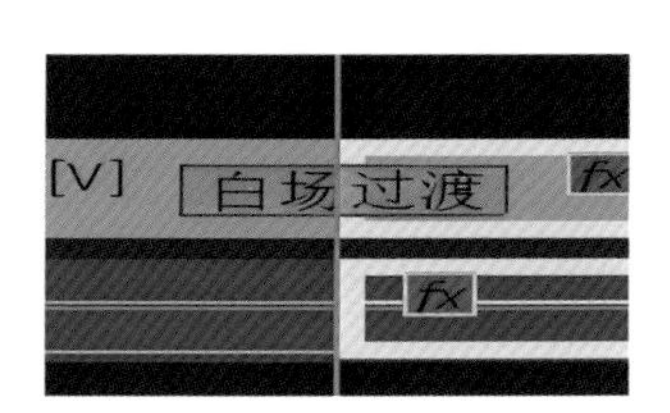

图 4-33　白场特效在时间轴上的位置

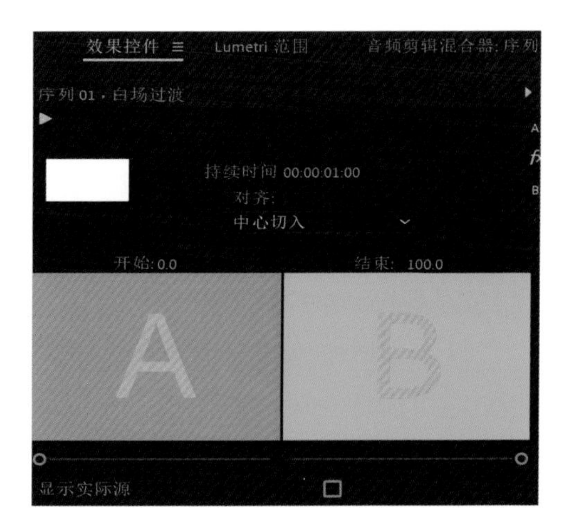

图 4-34　白场特效具体设置

（6）按照剧本完成视频、音频剪辑，添加视频、转场特效，加入音乐、音响，添加字幕，制作片头、片尾，最后选择“文件”——“导出”——“媒体”，合成导出剪辑作品。

三、非虚构类数字视频创作实例

非虚构数字视频作品以人物真实事件为基础，通过镜头记录和讲述现实的故事，包括纪录片、访谈节目、新闻报道、真人秀节目等，其中纪录片是非虚构类数字视频作品类型的典型代表。

纪录片通过记录真实事件、人物、生活场景等，以非虚构的方式向观众展示某个主题或故事。纪录片不同于虚构的剧情片，表现的内容必须是真实的，不能有任何杜撰或虚构。

纪录片通常具有强烈的社会意义和教育价值，它可以记录历史、反映现实、探讨社会问题、展示人类文化等。纪录片制作者通过拍摄、编辑、配音等手段，将真实的事件和人物呈现给观众，引发观众的思考和感悟。

纪录片可以分为多种类型，如历史纪录片、自然纪录片、人文纪录片、社会纪录片等。历史纪录片通过记录历史事件和人物，向观众展示人类历史的变迁和发展；自然纪录片着重展示大自然的美丽和神秘，引导观众关注和保护自然环境；人文纪录片着重展示人类文化和社会现象，引导观众思考和探索人类文明；社会纪录片则关注社会问题和现实矛盾，引发观众关注和思考社会问题。

纪录片是一种非常有价值的数字视频形式。随着数字技术的发展，纪录片样式多变，创作方法更加灵活。时长不超过 10min 的微纪录片更受到观众的喜爱。

1. 纪录片创作实例

以下纪录片创作实例为辽宁师范大学数字媒体艺术专业学生李莹茵创作的纪录片《古瑶新村》（图 4-35）。

（1）创作目的。纪录片《古瑶新村》的创作目的是聚焦瑶族发祥地之一的内冲瑶族村，通过对古瑶村的历史文化的简要介绍，普及瑶族悠久的历史文化和民族特色，弘扬并呼吁保护中国优秀民族文化。同时，《古瑶新村》以内冲瑶族村新风貌为主要介绍对象，展现内冲瑶族村作为“中华古瑶第一村”崭新的风貌，记录新时代中国“乡村振兴战略”的伟大作为，为记录并展现乡村振兴、“美丽乡村”的建设

图 4-35 纪录片《古瑶新村》片头片尾展示

工作尽一份绵薄之力。

（2）创作内容。《古瑶新村》内容以时间为线索，从“古”至“今”展开叙事。片头以动画形式引入，第一部分的“古”主要对内冲瑶族的历史文化渊源进行介绍，通过展现药姑山的瑶族遗址、历史传说、垒石文化，构建并重现古瑶族的文化底蕴和民族生活。第二部分的“今”围绕瑶族故里大观园展开记录，以民族文化的挖掘和传承为主线，介绍内冲瑶族村的新风貌，通过对“瑶媳妇”酒楼的介绍展现“中华古瑶第一村”的文化生态旅游项目，将民族文化传承和乡村振兴融合起来，突出体现内冲瑶族文化的现代性传承。

（3）创作流程。前期策划选题，进行实地考察。拍摄时使用三脚架拍摄场景雄伟的固定镜头及推、摇、拉镜头。对于轻巧的被摄对象，例如瑶族头饰、蜡像等，使用手持稳定器进行拍摄（图 4-36）。在拍摄过程中，尽量全面地展现被摄物体，同时适时

图 4-36　纪录片《古瑶新村》拍摄画面展示

地使用特写镜头展示被摄物体的细节特征，使被摄物体能够更加完整地展现在观众眼前。后期首先整理镜头素材，对地点、被摄物、镜号等内容进行标注（图 4–37、图 4–38），使用 Premiere 软件进行视频的剪接工作，将不同镜头的素材进行拼接，完善叙事结构。剪辑工作主要围绕解说词进行展开，用解说词建构纪录片的整体结构，通过选取与解说词适配度高的画面进行拼接，能够使纪录片更加流畅自然。同时利用 Premiere 连接视频结构，将片头和片尾与正片进行剪接，使纪录片更加完整地呈现。除了基本的剪辑工作外，使用 Premiere 对画面进行调色，使纪录片风格更加明确、画面更具美感。片尾主要通过特效制作，以图文的方式展现“中华古瑶第一村”的景点，主要使用 Premiere 软件制作蒙版、设置运动等功能，以水墨溅开的形式使图文呈现更具美感，突出“新村”展示，起到一定的宣传和总结作用（图 4–39）。

图 4–37　纪录片《古瑶新村》剪辑过程

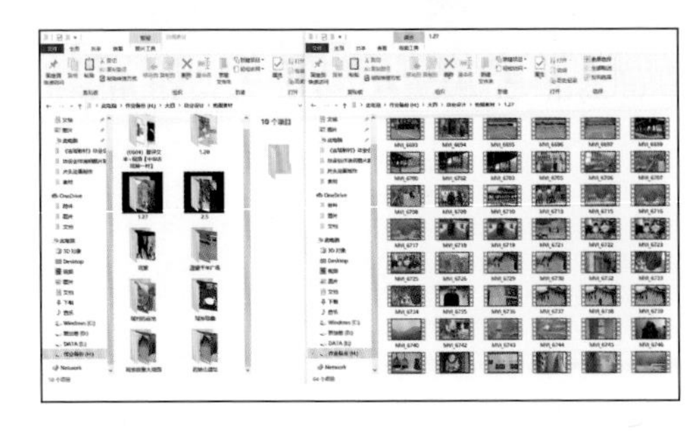

图 4–38　纪录片《古瑶新村》素材整理

图 4–39　纪录片《古瑶新村》片尾特效制作

（4）创作心得。一个好的选题意味着优秀纪录片的开端，纪录片的真实性使选题范围具有一定的局限性，重要的是不断挖掘选题的价值。如果说纪录片的选题和策划解决的是“呈现什么”的问题，那么纪录片的结构就是关于“如何呈现”的问题。合适的纪录片结构相当于一种恰当的叙述方式，能够为纪录片确立明确的风格和叙事节奏。

纪录片创作要求大量查阅文献资料，并做好实地考察，为拍摄、后期创作奠定良好的基础。解说词的撰写要抓住目标受众的兴趣点，纪录片形式上要不断设计创新。

2. Premiere 剪辑纪录片《古瑶新村》工作要点

（1）根据主题挑选合适的镜头素材、音乐，将解说词提前录制好，根据整体构思和解说词开始剪辑。

图 4-40　纪录片《古瑶新村》画面调色

（2）剪辑镜头主要采取动镜头接动镜头、静镜头接静镜头，在纪录片段落划分处，使用黑场特效，从视觉上做了段落分割。

（3）适当地使用慢镜头，比如将小孩玩投掷飞机的瞬间用慢镜头表现，达到调节叙述节奏、增添影片趣味的目的。慢镜头主要通过改变视频段落的运动速度来实现。

（4）非虚拟类数字视频节目的优点是真实性，缺点是为了捕捉真实的镜头，有时在画面效果上不太理想，这就需要通过后期剪辑和特效来弥补。对镜头画面进行调色，增强画面亮度、色彩饱和度，可以使纪录片整体色调保持一致，或者突出特定场景的特定氛围。Premiere 可以与颜色插件结合调节画面颜色。本案例主要使用了 Lumetri 颜色插件设置（图 4-40）。

（5）为了实现更好的视频效果，Premiere 可以与 PS、AE 等多款软件联合创作，最后以 Premiere 为主要创作软件，输出视频成品。

第三节　剪映创作实例

剪映是一款功能强大的视频剪辑软件，能够在手机、计算机上完成视频剪辑工作，通常适用于手机拍摄之后的短视频剪辑。

从操作角度来说，剪映具有以下特点：

① 剪辑界面简单易用，能快速上手剪辑；

② 剪辑特效功能丰富，除了基础的视频剪辑外，还提供视频调整、画面特效、花式字幕等视频编辑功能，特效时尚化、个性化，能全方位满足用户剪辑需求；

③ 剪映支持音频剪辑、混音、均衡等处理，音频处理能力强大；

④ 支持实时预览，方便用户调整剪辑效果；

⑤ 支持创作小组合作剪辑，实现云剪辑；

⑥ 剪映账号与抖音账号通用，能十分便捷地在抖音上分享视频。

一、剪映剪辑视频流程

1. 熟悉剪映界面

剪映工作界面十分简洁，顶部是工具栏，包括剪辑、特效、字幕、音频等功能选项。中间是预览窗口，可以实时预览剪辑效果。底部是时间线，展示视频素材和各个剪辑层次（图 4-41）。

图 4-41　剪映操作界面

2. 导入和编辑视频素材

点击“开始创作”，导入要剪辑的视频素材。将素材拖到时间轴上，然后通过剪辑工具进行裁剪、分割、删除等操作。

3. 调整视频效果

剪映支持调节视频画面大小、视频播放速度，支持调节视频画面亮度、对比度、饱和度。

4. 添加特效和字幕

剪映提供了多种特效和字幕样式，可以根据需要在视频上进行添加。特效包括画面特效、各种转场特效。

剪映支持添加字幕，并提供多种字幕样式。

5. 调整音频和混音

剪映能添加背景音乐、音效，支持对视频的音频进行调整，包括音量、音调、混音等。

6. 预览和导出视频

在剪辑完成后，点击预览按钮，实时预览视频效果。如果感觉满意，点击右上角的导出按钮，可以导出储存或选择直接分享到视频平台。

二、剪映高级功能

除了基本的视频剪辑功能外，剪映还提供了一些高级功能，如语音转字幕、智能识别音乐、智能抠像等。这些功能可以让剪辑工作更加高效和便捷。

1. 语音转字幕

剪映支持将视频中的语音内容自动转换成字幕。在剪辑界面选择语音转字幕功能，剪映会自动识别视频中的语音内容，并生成相应的字幕。

2. 智能识别音乐

剪映提供了智能识别音乐的功能。导入一段音乐，剪映会自动识别音乐的节奏和旋律，并推荐适合的剪辑节奏和特效。

3. 智能抠像

智能抠像功能可以将视频中的人物或物体抠出来，并与其他背景进行合成。选择智能抠像功能，剪映会自动识别视频中的人物或物体轮廓，并生成抠像效果，将抠像与其他背景进行合成，制作出更加有趣的视频。

即使不会剪辑，也可以使用剪同款——一键成片功能，生成喜欢的风格。现在剪映研发了 AI 图文成片功能，使更多人能够进行短视频创作，并制作出高质量的视频作品。

三、科普类短视频创作实例

剪映作为一款可以兼容手机、平板和电脑端剪辑的软件，很多短视频都可以采用剪映进行编辑制作。

短视频平台的发展使得科学知识的传播形式变得多样化，内容风格也更加多元。传统的科普作品往往以文字、图片为主，深度介绍科学知识，而在短视频平台上，科学知识可以以轻松有趣的方式呈现，例如动画、短剧、搞笑解说等，这种形式更能吸引年轻观众的关注。近几年，短视频科普内容的播放量持续增长，用户对科普知识的需求也在上升。

科普类短视频的内容丰富多样，涵盖了天文、地理、生物、物理等多个领域，通过生动有趣的动画、深入浅出的讲解和贴近生活的实例，将复杂的科学原理变得简单易懂（图 4-42）。观众在观看这些视频的过程中，不仅能够学到知识，还能感受到科学的魅力和乐趣。

图 4-42　动画科普短视频具有极高的视觉吸引力
通过将复杂的科学知识以动画的形式呈现，可以使得原本枯燥的内容变得生动有趣。动画的独特表现力和视觉效果能够迅速吸引观众的注意力，并激发他们的好奇心和求知欲。这种寓教于乐的方式，使得科普知识教育变得更加轻松和有趣。

与传统的科普方式相比，科普类短视频具有更高的传播效率和更广泛的受众群体。在互联网的助力下，科普类短视频可以迅速传播到世界各地，让更多的观众受益。同时，短视频的形式也使得观众可以随时随地观看，充分利用碎片化的时间，提高了学习的效率和便利性。

不论是动画科普短视频还是其他类型的科普短视频，科普类短视频相关从业者往往以知识领袖的形象出现，他们通过自己的专业知识和经验，帮助受众理解并解决科学问题。知识领袖具有扎实的专业知识、敏锐的观察力、独立的思考能力、清晰的表达能力以及乐于分享的精神。建立知识领袖的形象有助于增强受众的信任感。

科普内容应该简单易懂，形式灵活，避免使用过于专业化的术语和复杂的表述方式，以便受众更容易理解和记忆。剪映提供了多种视频特效、音频特效、字幕特效等，可以轻松制作出图文并茂、内容丰富、吸引受众的视频效果。

1. 讲授型科普类短视频创作实例

讲授型科普类短视频一般以真人出镜，讲解传授某一领域知识或问题。真人出镜在抖音等短视频平台上有很多优势：真人出镜能够让观众感觉更亲切，增加亲和力；具有辨识度的真人也能提高视频品牌认知度；观众看到真人的动作、语气也会增强情感共鸣，是一种接地气、真诚的传播方式（图 4-43）。

图 4-43　讲授型科普类短视频创作范例

《小五只会一点点》（图 4-44）是一档将受众目标定位在大学生，为大学生提供学习、生活、就业方面的知识、建议和经验的科普类短视频节目。主播以毕业不久的大学生的身份出现，以自己的大学经验为出发点，真诚地向在校大学生提供信息帮助，希望大学生们能够少走弯路或不走弯路，实现自己理想的学习和生活状态。

图 4-44 《小五只会一点点》节目展示

2.《小五只会一点点》剪映剪辑流程

《小五只会一点点》前期写作策划案，找到当期选题，根据选题写作主持词，再由两位主持人播报出来。两人共同主持节目可以形成一问一答的效果，可以设计比单人更多的双人互动节目环节。

将录制好的视频导入剪映，剪映可以帮助用户轻松剪辑、调整和美化视频。剪映提供的特效、素材种类繁多，加入视频编辑中，令视频更具观赏性（图 4-45）。

（1）打开剪映软件，点击“开始创作”进入创作页面。点击媒体——本地——导入，然后选择要编辑的视频素材。导入后，视频素材会在预览窗口中展示。

（2）将视频素材拖到时间轴，为方便将视频分享到短视频平台，可以对素材画面比例进行调整（图 4-46）。使用分割工具对视频进行剪辑。将视频中多余的部分、讲话出错的部分、内容不合适的部分剪掉，完成初步剪辑。

（3）剪映为视频添加字幕提供了十分智能、便捷的方式。对于视频中的人声部分，点击左上角的文本——智能字幕——识别字幕（图 4-47），就可以把根据语音识别生成的字幕直接放在时间轴的字幕轨道上，并且字幕出现的时长和语音时长一致。如果要输入字幕，可以点击文本——新建文本——默认，点击默认文本——添加到轨道，时间轴上的指针处就会出现一个默认文本字幕条，在右上方会弹出文本、动画、跟踪、朗读、数字人等选项，可以对字幕进行加工（图 4-48）。

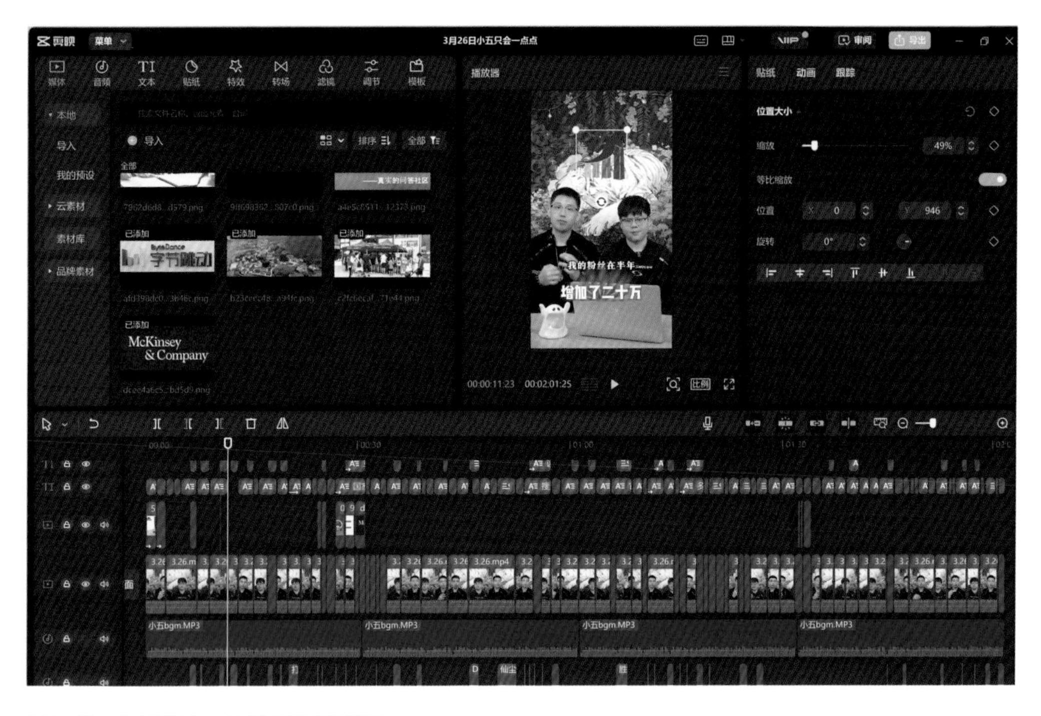

图 4-45 《小五只会一点点》剪映剪辑界面

图 4-46 剪映画面比例设置

图 4-47 剪映识别字幕

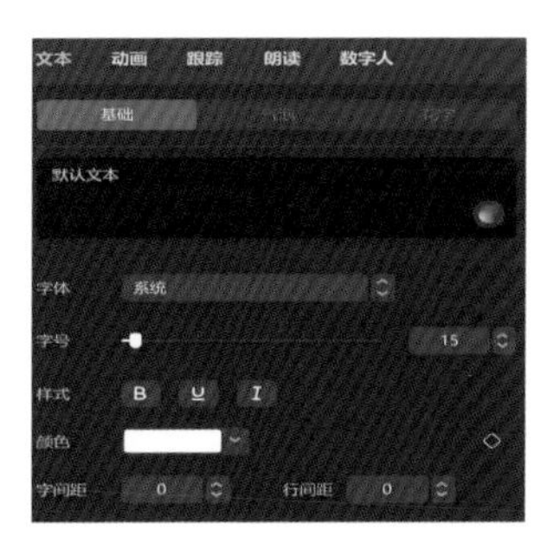

图 4-48 剪映字幕编辑

（4）根据讲解内容，添加镜头画面特效，从视觉上引起观众注意。例如《小五只会一点点》中添加了画面的玻璃破碎特效（图 4-49）。首先选定要添加特效的镜头，点击左上角特效——画面特效，选择玻璃破碎添加到轨道，特效就出现在特效轨道上，画面特效时长与镜头时长一致。

（5）添加音效（音响），增强语气，增强画面真实感。比如玻璃破碎的特效，加上音效声会显得真实。剪映提供了大量的音效，点击音频——音效素材，查找到玻璃破碎声，添加到轨道。玻璃破碎的音效配合玻璃破碎的镜头特效就完成了（图 4-50）。

图 4-49　剪映添加画面特效

图 4-50　剪映添加音效

（6）添加视频叠加效果。在剪映中实现两个镜头的叠加效果是非常方便的，只要将新的素材拖到新的视频轨道上，两个视频叠加，叠加部分就呈现“画中画”效果（图 4-51）。点击叠加画面，可以对叠加的效果进行调整。

（7）剪映一个非常有趣的功能就是提供大量花字和贴纸，使用花字和贴纸可以增强视频的视觉吸引力、提供额外的信息层、增加娱乐性和趣味性、提示重点信息等。花字的制作方式是点击左上角的文本——花字素材，贴纸则是直接点击贴纸选项即可（图 4-52）。将花字和贴纸添加到轨道上后，可以对它们的基础样式、动画、跟踪等效果进行选择或调整。

图 4-51　剪映视频叠加效果演示

图 4-52　剪映添加贴纸效果展示

（8）点击音频——音乐素材，添加音乐，也可以使用自己素材库中的音乐素材。

（9）剪映提供品牌音乐、品牌素材等，目的是以小组为单位进行集体剪辑时，可以共享共同的素材。这对于远距离协同创作视频是非常重要的。

（10）作品完成后，选择导出，剪映可以提供导出最高4K画质的视频。导出完成后，可以一键分享到指定的视频平台，十分便捷。

四、生活服务类短视频创作实例

生活服务类短视频创作内容从烹饪美食到家居装饰，从旅行攻略到健身指导，涵盖了现代生活的方方面面。生活服务类短视频以简洁明了的方式，展示了各种实用的生活技巧和方法，让观众在短时间内获得相关知识，提升生活质量。

旅行类短视频越来越成为生活服务类短视频中的重要内容，为观众提供了丰富的旅游信息和实用建议。观众可以从中了解各地的风景名胜、民俗风情、美食特产等，为自己的旅行做好充分准备。旅行类短视频以真实旅游体验为主要卖点，兼具旅游博主的个性化演绎，视频画面生动。旅行类短视频经常出现博主与游客的互动场景，互动和体验让观众更具有参与感。在各地积极推广文旅产业的背景下，旅游类短视频能让更多观众了解旅游文化，发现更美好的旅游地。

1. 旅游类短视频创作实例

以下旅游类短视频创作实例为辽宁师范大学数字媒体艺术专业学生佟佳航、孙佳宁、李可昕、魏武创作的短视频《大连环游记——寻鹿篇》（图4-53）。

《大连环游记》是一档定位为大连文旅宣传的旅游短视频节目，本期“寻鹿篇”是一个公益性质且氛围轻松的选题。通过领队故得猫宁的带领，环游大连景点，在白云山山体公园内发现一位退休的爷爷，被大众称为“鹿王爷爷”，这位爷爷用自己的退休金照顾野生梅花鹿，并且一直在不间断地喂养小鹿，把小鹿们照顾得很好。接下来是寻鹿

图4-53 《大连环游记——寻鹿篇》节目展示

时间，但是寻鹿的过程充满波折……

《大连环游记——寻鹿篇》的创作过程首先是与选题相关的信息查询、了解采访对象、熟悉拍摄环境等前期准备工作，接下来拟订节目基本内容结构、规划主要场景和设计部分镜头、写好采访问题，以及制定备用计划应对拍摄过程中突发状况，提交策划案（图 4-54）。

图 4-54 《大连环游记——寻鹿篇》策划案（部分）展示

《大连环游记——寻鹿篇》节目的主体风格是自然、朴实，总体给人一种休闲、放松的感觉。在拍摄阶段，注意采用多机位同时录制、实时跟拍等方式大量采集素材，按计划完成一系列重要镜头，强调镜头的真实感、纪录感，以及构图、光线、角度等。每完成一个场景需要查看拍摄的镜头素材，防止漏拍、错拍。在最后的剪辑阶段，统一浏览所有镜头，根据素材整理剪辑思路，按照写好的策划案将素材片段串联。结合主题需求调整画面颜色，在拍摄基础上提升画面颜色和质感。通过剪映加入视频特效、转场特效等，根据镜头内容添加有趣的贴纸、花字、音效、特效（图 4-55），节目总体呈现出轻松愉快的氛围，最后导出成品。

《大连环游记——寻鹿篇》使用 Photoshop 软件设计了节目标志（图 4-56），既作为节目的片头，也作为节目的品牌形象，有助于观众识别和记住品牌。

图 4-55 《大连环游记——寻鹿篇》贴纸特效

图 4-56 《大连环游记——寻鹿篇》节目标志设计

2.《大连环游记——寻鹿篇》剪映剪辑要点

作为外景实拍为主的旅游类短视频，会遇到很多户外拍摄的不可控因素。镜头色彩、曝光不一致是常见问题，这时就需要对镜头进行调色。剪映提供了多种滤镜，添加到镜头上，可以获得良好的画面效果（图 4-57）。

镜头与镜头间的连接也是纪实类视频拍摄需要注意的问题。有时现场并没拍摄到适合剪切的镜头，那就需要在镜头间加入转场特效（图 4-58）。剪映提供了许多转场特效，点击左上角的转场——转场效果，就能预览转场特效（图 4-59），点击添加到轨道，转场特效就自动吸附到两个镜头之间。对于转场特效只能进行时间长度的调整。

图 4-57 《大连环游记——寻鹿篇》镜头滤镜特效

图 4-58 《大连环游记——寻鹿篇》镜头转场特效

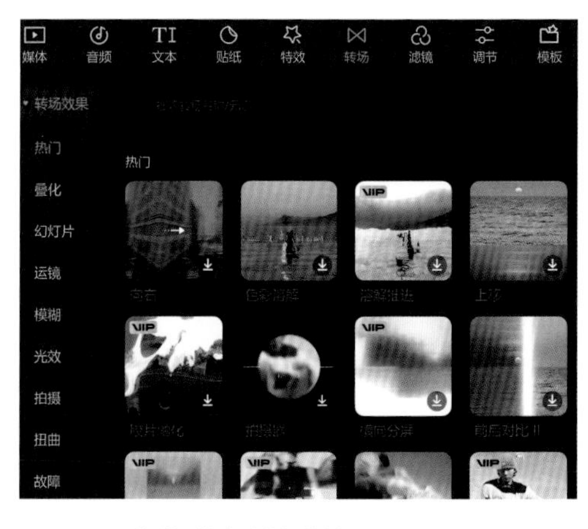

图 4-59 剪映提供多种转场特效

短视频吸引受众的因素首先是要有一个优质标题。受众第一时间通过标题判断短视频的内容，标题具有吸引力，受众才会继续观看。《大连环游记——寻鹿篇》利用标志增加了标题的吸引力。其次是内容上，短视频的内容对受众是否具有价值，是吸引受众观看的第一要素。但是短视频数量庞大，吸引受众看完、点赞、关注就需要制作技巧，将有价值的内容用具有趣味的方式讲述出来，剪辑技巧和特效都需要认真设计，形式上不枯燥、不单调。优秀的短视频在策划、拍摄、剪辑设计上都很优秀，音乐节奏、视频节奏、内容节奏协调，既有价值也有趣味性，带给受众知识和娱乐享受。

总之，剪映是一款非常优秀的剪辑软件，操作思路十分明晰。初学者即使不会剪辑也可以使用剪映提供的大量视频模板，方便制作出同款视频，也可以为专业创作者提供创作思路。但如果想要制作更精细的剪辑，就不能依赖模板。

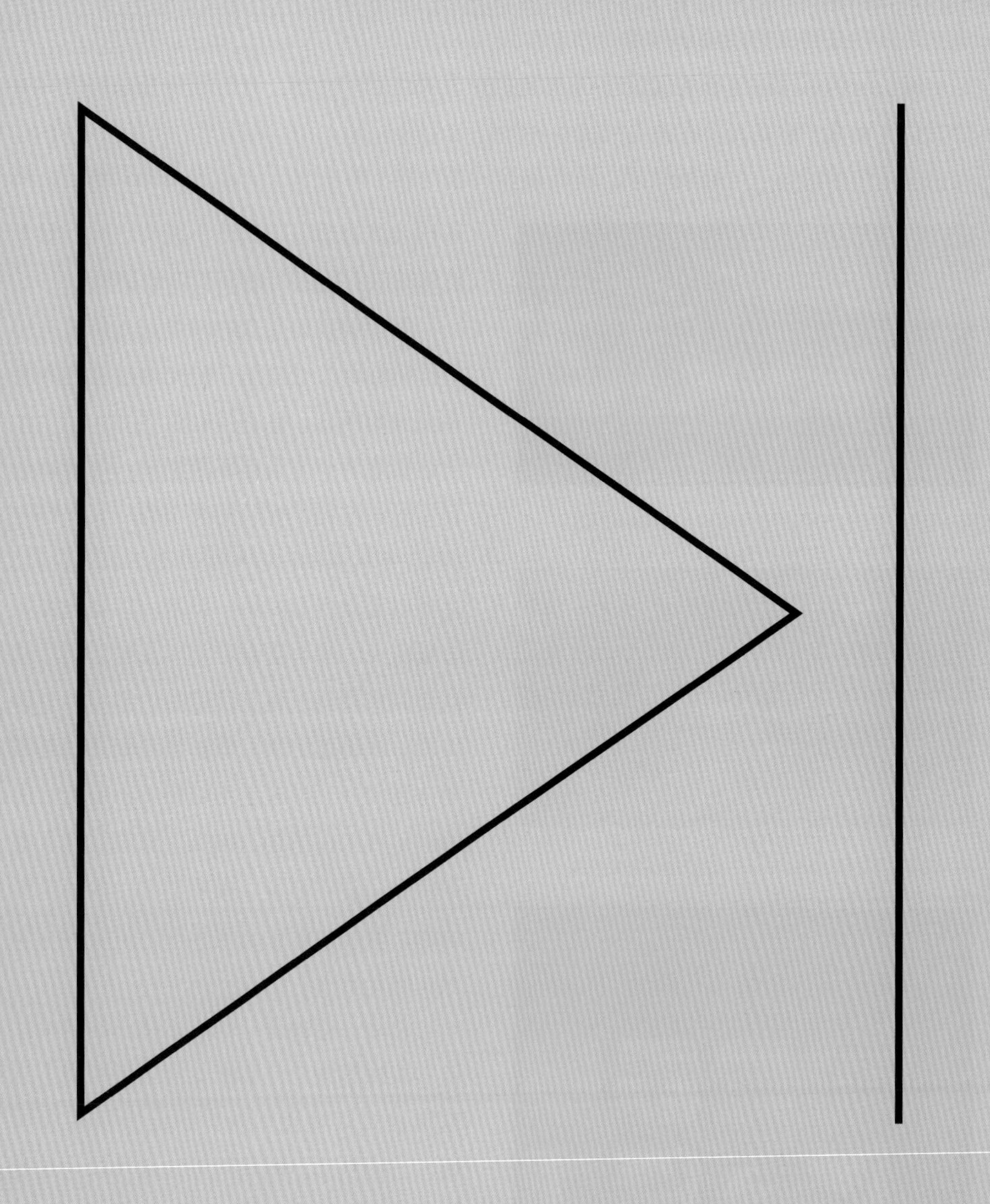

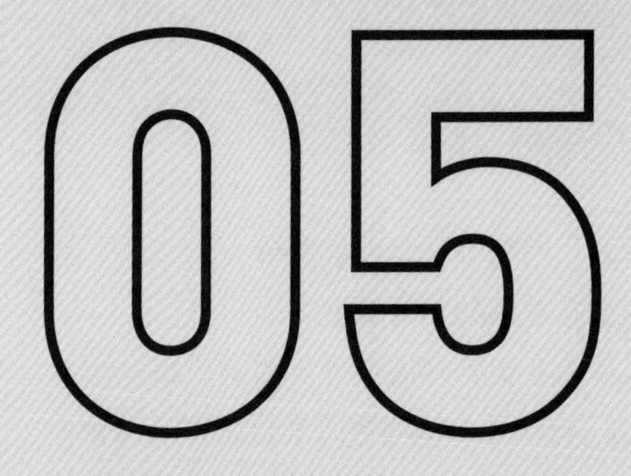

第五章

数字视频发布与运营

DIGITAL VIDEO DISTRIBUTION AND

OPERATION

第一节　数字视频发布

一、数字视频发布法规

数字视频制作完成后，可以依法依规在电视台、网络等平台进行发布。

1. 发布数字视频要遵守国家广播电视总局对数字视频的相关规定

（1）除对电影、电视剧、动画片、网络节目的备案管理规定外，国家广播电影电视总局于 2012 年发布了《关于进一步加强网络剧、微电影等网络视听节目管理的通知》（广发 [2012]53 号规定），加强了对网络剧、微电影等网络视听节目的审核管理工作。通知主要内容如下。

整治部分网络剧、微电影等网络视听节目出现的内容低俗、格调低下、渲染暴力色情等问题，鼓励生产制作健康向上的网络剧、微电影等网络视听节目。作为面向社会大众的文化产品，必须始终坚持正确导向，把社会效益放在首位，自觉遵守法律法规和社会道德，积极传播主流价值，充分发挥引领风尚、教育人民、服务社会、推动发展的积极作用。

强化网络剧、微电影等网络视听节目内容审核。

要求网络剧、微电影等网络视听节目不得含有以下内容：

① 反对宪法确定的基本原则的；

② 危害国家统一、主权和领土完整的；

③ 泄露国家秘密、危害国家安全或者损害国家荣誉和利益的；

④ 煽动民族仇恨、民族歧视，破坏民族团结，或者侵害民族风俗、习惯的；

⑤ 宣扬邪教、迷信的；

⑥ 扰乱社会秩序、破坏社会稳定的；

⑦ 诱导未成年人违法犯罪和渲染暴力、色情、赌博、恐怖活动的；

⑧ 侮辱或者诽谤他人，侵害公民个人隐私等他人合法权益的；

⑨ 危害社会公德、损害民族优秀文化传统的；

⑩ 有关法律、行政法规和国家规定禁止的其他内容。

（2）2018 年，国家广播电视总局发布了《关于进一步加强广播电视和网络视听文艺节目管理的通知》（广电发 [2018]60 号），对广播电视、网络视频创作的乱象进行整治，进一步净化了创作环境。通知主要内容如下。

针对一些文艺节目出现了影视明星过多、追星炒星、泛娱乐化、高价片酬、收视率（点击率）造假等问题，必须采取有效措施切实加以纠正。

广播电视和网络视听文艺节目要坚持讲品位、讲格调、讲责任，抵制低俗、庸俗、媚俗，大力弘扬社会主义核心价值观，传播正能量，坚守底线红线。各节目制作和传播机构要始终坚持把社会效益放在首位，力争社会效益与经济效益统一，当二者发生冲突时，经济效益要无条件服从社会效益，绝不能在市场经济大潮中迷失方向，绝不能做市场的奴隶，使作品充满铜臭气。

坚持以人民为中心的创作导向，坚决遏制追星炒星、泛娱乐化等不良倾向。

减少影视明星参与的娱乐游戏、真人秀、歌唱类选拔等节目播出量，积极扩大新闻、经济、文化、科教、生活服务、动画和少儿、纪录片、对农等公益节目播出量，制作播出更多富有时代气息、格调积极健康、具有文化内涵的原创节目。

鼓励以优质内容取胜，不断创新节目形式。

国家对数字视频管理政策法规不断更新，要关注国家广播电视总局相关公告。

2. 发布数字视频要遵守发布平台的规则

视频平台一般都会在显著位置提示“严禁上传违规违法 / 色情色诱 / 低俗 / 广告等视频内容，违者下架视频并封号处理”，并对视频的尺寸提出要求。

横版视频：建议宽高比例为 16：9，分辨率 1280×720 及以上，视频大小不超过 10G；竖版视频：建议宽高比例为 9：16，分辨率 720×1280 及以上，视频大小不超过 10G。同时提醒上传者在上传视频之前，应阅读平台的发布规则（图 5-1）。

图 5-1　优酷网上传视频界面

除遵守基本技术规则外，更要遵守视频网站对发布视频内容的规定。例如优酷网对上传视频提出了《优酷短小视频内容发布规则》，对上传视频的内容、规范都做出了详细规定。

优酷短小视频内容发布规则

内容规则：符合优酷积极向上的调性，内容逻辑清晰，主线及内容完整，具备大众属性，通俗易懂，有实际看点，有趣有用长见识等（例如：常识、技巧、美食、旅行、微剧）。

清晰度：画面清晰，高清 720P 以上，不能有任何模糊、局部模糊、蒙版等，包括但不限于受镜头动态、抖动、 拍摄模式（监控）、图像虚化（偏白 & 偏黑）、颗粒感、滤镜效果导致。

字幕：不存在音字异步（配音和字幕不同步），不存在画字异步（画面和字幕不同步），优先中文，外文视频必须有中文字幕。

声道：视频有声音，且最低要求为双声道（且需要左右声道同步）。

常见问题

契合度：内容、封面、标题三个维度关联度较弱。

看点：内容结构无逻辑性，无明确的内容看点展现。

清晰度：画面出现黑屏，影响用户体验。

调性：出现血腥、暴力等敏感信息。

声道：声道及声音存在问题（例如无声）。

标题规则：标题是文章的眉目，应该注意其氛围轻松愉悦、正面积极、不丧不颓不负面，能够体现出准确美、鲜明美、简洁美、形式美、韵律美等。

标题字数：10 ≤字数≤ 20 为佳；简单易懂，可读性强，符合大众认知，合理使用网络热词或社会用语；标题能够完整表达内容核心元素及看点，与视频内容契合；不得标题党：不夸张、不耸人听闻、不空洞无实、不得故意营造压力迫使用户点击。

封面规则：画面清晰、美观，配色和谐，构图均衡，重要信息显示完整。表意明确，避免与内容无关的冗余信息。

基础质量：主体清晰，不得出现失焦、重影、拖影；亮度适中，能够清晰地辨识主体轮廓；无黑边效果最佳；主体 / 背景方面，主体突出，主次分明，背景简洁；人物数量≤ 5 个为佳，特殊组合除外；色彩配色和谐，避免使用大面积高饱和度颜色（如大红大紫、靛蓝、荧光黄）；符合正片内容特征，内容本身具备的除外。

信息传达：表意明确，文字确保可读性；重要信息需确保在安全区内完整展示；构图均衡，避免强烈分割感。

安全规则

1. 不得出现渲染庸俗低级趣味，宣扬不健康婚恋观的内容
2. 不得出现渲染暴力血腥、展示丑恶行为和惊悚内容
3. 不得出现破坏社会稳定的内容
4. 不得出现不利于未成年人健康成长的内容
5. 不得出现视频内容非中文音频，无中文字幕
6. 不得出现宗教、时政、军事、枪支等敏感内容

视频平台对视频负有监管责任，所以对用户发布内容进行监测和审查，及时发现并处理违规内容。对于违规行为，平台应采取相应的处罚措施，如下架违规内容、封禁违规账号等，以维护平台的正常秩序。当然平台应建立完善的申诉机制，确保用户在认为处理不公正时能够通过指定渠道提出申诉，以防止创作者之间的恶意竞争。

遵守视频安全规则旨在维护视频平台的秩序和安全，保护用户权益，并创造一个良好的交流环境。这些规则需要平台、用户和监管机构共同努力来执行和维护。

3. 发布数字视频要遵守行业规范

（1）内容规范。发布数字视频在视频内容要注意禁止发布暴力、恶意攻击、淫秽色情、违法犯罪等内容，并且不能侵权，包括侵犯他人肖像权、知识产权、商业秘密等，也不许攻击他人，不得发布侮辱、诽谤他人、令人反感的内容。对于涉及未成年人的视频，需要特别注意保护未成年人的身心健康，杜绝不良信息对青少年的不良影响。

（2）限制词规范。在视频内容中要注意网络限制词语，很多限制词在视频中是不允许随意使用的，一旦出现可能会导致视频下架，甚至追究其法律责任。比如广告中不能出现的违禁词，包括国家级、世界级、全网第一、全网最低、第一品牌、国宝级、质量免检、驰名商标等。绝对值之类的表述也不能使用，也就是说不能使用最强、最厉害这种表述。过度浮夸的表述比如100%有效也不能使用。无法实际定义的词语比如仅此一次、最后一波，这些也不要使用。不能使用国家机关、国家工作人员名称为产品做推荐。

（3）用户规范。每一个视频平台都对其他视频平台或者购物平台有一定的推广限制，所以注意发布视频时，不要在发布在A平台的视频中提及B平台或其他平台，这样也可能导致视频下架。视频创作者必须提供真实、准确、完整的个人信息进行注册，并对自己注册账号下的行为负责。视频创作者不能传播不当信息、骚扰他人、引导他人犯罪，不应以任何方式，比如使用恶意软件、盗取他人账号等，干扰、破坏视频平台的正常运行。

二、数字视频发布平台

数字视频上传完成后，需要经过平台人工审核，审核通过后才能发布在平台。上传数字视频时需要注意，视频、音频都要满足相应平台的技术标准，视频制作流畅、无技术硬伤，这是通过审核的前提。

其次是对数字视频内容的要求。数字视频内容应符合平台定位，与平台目标用户相契合，能够获得较多的推荐和关注。

现在除电视台、影院外，可以发布数字视频的网络平台有综合资讯类平台、网络视频平台、短视频平台、社交类平台、电商类平台等。

1. 综合资讯类平台

综合资讯类平台包括今日头条、百度、腾讯新闻、百家号、一点资讯等，内容以新闻资讯为主，但新增了视频部分内容，与文字新闻形成有力补充，对发布的视频内容没有限制。但与新闻资讯、知识教育之类的视频较为契合的综合资讯类平台，视频能获得用户的优先关注。

2. 网络视频平台

网络视频平台包括优酷网、爱奇艺、腾讯视频、哔哩哔哩、搜狐视频、第一视频、爆米花视频等。大型网络视频平台有自己清晰的定位，以播放取得版权和自制的网络节目为主营内容，个人上传的短视频为网站内容的补充，但优秀的短视频有一定的机会脱颖而出。

3. 短视频平台

短视频平台包括抖音、快手、秒拍、梨视频、火山小视频、西瓜视频、暴风短视频等。随着智能手机的发展，拍摄和观看短视频已经成为大多数人生活中的一部分。同一短视频可以在多个平台发布，长视频也可以通过分切为数个短视频的形式在短视频平台发布。

4. 社交类平台

社交类平台包括微信、微博、QQ空间等。主要发布个人的生活场景、心灵感受等话题，具有很强的社交属性，注重分享、互动。

5. 电商类平台

电商类平台包括淘宝、京东、蘑菇街、小红书等。电商类平台借助短视频可以很好地宣传产品，视频直接链接到购买页面，变现效果十分突出。电商平台的视频以与生活相关、商品介绍的内容为主，但为了吸引受众的兴趣，也有很多有趣的视频，这些视频借助电商平台巨大的浏览量获得了流量。

第二节 数字视频运营

数字视频发布后，流量运营成为关键环节。数字视频运营的发布过程分为发布前运营、发布后运营和总结与优化三个环节。

一、数字视频发布前运营

1. 优化数字视频的标题和内容描述

优秀的标题和内容描述是吸引用户点击视频的关键，应突出视频亮点、重点内容，提炼出关键词，关键词符合平台关键词搜索规则。

标题和内容描述应准确反映视频内容，但可以使用修辞手法，语言风趣幽默，产生悬念、疑问，引起用户对于视频的观看兴趣。

2. 合理利用话题标签“#”

数字视频制作时，可以关联最近一段时间内的热点内容。短视频平台的热门话题可以使用话题标签“#”来关联，例如“# 搞笑”“# 健身”。在发布视频时加入话题标签可以获得更多用户关注。

3. 制定合理的发布视频时间

在目标用户活跃时段发布，有助于提高视频的曝光率。例如，早晨时段发布新闻、健身、美食之类的视频，工作日 20 ～ 22 点是观看视频的黄金时段，此时观看人数较多，获得观看概率大。

如果想要获得稳定的观众，那就需要形成尽量固定的发布时间，比如每天 20 点更新，又比如每周三更新，便于培养固定的受众群。

二、数字视频发布后运营

1. 用户互动

注重与视频观看者进行互动，鼓励用户在视频下方进行点赞、评论、转发等行为，及时回复用户提问，对待粉丝亲切友好，提高用户黏性。可以在视频中设置交互类话题、发起互动等方式，引导用户参与讨论，发表看法，增加视频播放热度。

2. 跨平台发布

视频平台虽然差异较大，但不限制发布视频的类型，所以同一视频可以在多个平台同时发布，扩大视频的影响力，并可以获得更多的报酬。在发布时可以根据不同平台特点，略微调整视频内容和发布策略，以适应不同平台的用户群体。

3. 视频合作与联动

可以与其他视频创作者进行合作，可以与品牌、平台联动，共同制作推广视频，实现双方互利共赢。灵活调整视频内容方向，给合作留下更多空间，避免生硬植入广告。

三、总结与优化

视频发布后，要在视频网站后台定期分析视频数据，包括播放量、点赞量、评论量等，分析用户需求，通过数据维护好账号的运营（图 5-2、图 5-3）。

图 5-2 某网站投稿后台数据 1

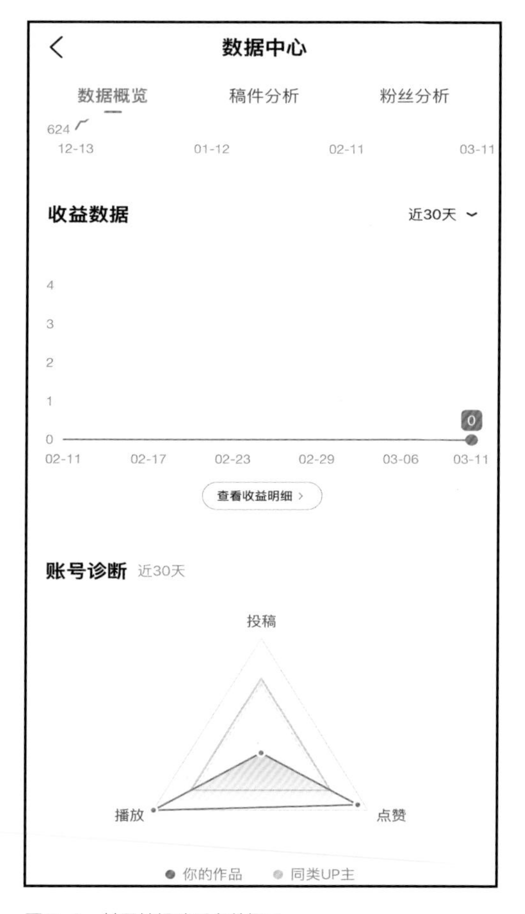

图 5-3 某网站投稿后台数据 2

所有视频网站都为视频创作者提供视频的数据反馈，一旦视频的播放量、点赞、关注量提升，就能获得网站更多推荐，获得更多流量机会。通过后台数据也能找出优秀视频的共同点，不断提高视频质量。

第三节　数字视频的变现模式

数字视频变现的模式多种多样，从实现方式来说大体分为直接变现和间接变现两种。

一、直接变现

1. 平台补贴

为吸引视频创作者入驻视频平台，各类平台都有自己的补贴政策，根据视频的播放量、点赞、关注等多方面数据考量给予视频一定补贴。很多短视频博主可以通过不同平台视频播放量获得收益。

2. 付费观看

如果视频内容属于优质内容，可以设置付费观看门槛，这样观众需付费才能观看完整视频。比如网络大电影，虽然观看一次只需要5元左右，但是观看次数多，总票房可观。付费观看模式应确保视频价值足够高，比如优质的电影、电视剧和综艺节目，以吸引用户付费观看。

3. 广告分成

各大短视频平台都有广告分成政策，创作者需了解并选择适合自己的合作方式。例如，部分平台会根据创作者的粉丝量和视频播放量给予不同程度的分成比例。因此，选择一个适合自己的平台至关重要。

要了解广告分成规则。各平台广告分成规则有所不同，创作者需关注平台政策，确保自己的视频符合广告投放要求。例如，某些平台会对视频内容进行审核，涉及违规内容的视频将无法获得广告分成。因此，了解平台广告分成规则，合规创作至关重要。

4. 植入广告

在视频中植入广告，为品牌提供宣传服务，获取广告费用。植入广告应尽量不影响用户体验，巧妙地将广告融入视频内容。创作者应根据视频内容选择合适的广告类型，提高广告与视频的匹配度。例如，教育类视频可搭配教育类广告，娱乐类视频可搭配休闲类广告。这样可以提高广告投放效果，进而增加收益。

5. 电商推广

在视频中嵌入商品链接，用户在观看视频的同时，只需轻轻一点，就可以直接跳转到电商平台购买页面，大大简化了购物流程，提高了转化率。视频可以获得销售提成。

6. 虚拟货币与打赏

部分平台支持虚拟货币交易，观众可通过购买虚拟货币，对视频进行赞赏，将虚拟货币赠送给创作者。创作者可将虚拟货币兑换成实际收益。

7. 转让视频版权

在电视台播放的电视节目比如影视剧、动画片，都是购买版权之后进行播放的。现在大型的视频网站，比如优酷、爱奇艺、腾讯视频采用买断视频版权的方式，独播视频，以增加用户数量，比如《长安十二时辰》在优酷网独播，《开端》在腾讯视频独播，用户只能在各平台观看独播视频。

二、间接变现

1. 代言与赞助

知名度较高的创作者可承接品牌代言与赞助，获取相应报酬。同时，创作者应确保代言品牌和自身形象与粉丝群体相契合。

2. 线下活动与培训

举办线下活动，如粉丝见面会、讲座、工作坊等，收取报名费等。此外，创作者还可依托自身经验，提供培训服务，收取学费或培训费等。

3. 孵化网络艺人

在视频中出现的表演者，随着视频的播放逐渐获得观众的喜爱，可以与网红经纪公司合作，由公司提供视频内容策划制作、宣传推广、粉丝管理、签约代理等各类服务，将个人进行品牌化，在泛娱乐多领域进行运作，实现更大的商业价值。更可以进军影视业，接拍影视作品，最后走上职业演员的道路，成为颇具人气的网络艺人。

第四节　数字视频品牌管理

在创作数字视频时，要从长远规划角度出发，考虑视频品牌的创立，以便能长久运营，产生持续的收益。

一、品牌定位与规划

1. 从建设视频账号开始，做好品牌规划

在打造账号时，将视频的定位与账号的定位结合起来，找出自己的标签或画像。视频数量众多，如何让自己的视频受到关注和喜爱，首先从账号开始做好规划。从账号内容、风格、形象等方面进行规划，形成独特账号形象，这也是最终的品牌形象（图 5-4）。

图 5-4 数字视频品牌形象设计范例

2. 鲜明的个性账号标签

标签是平台对账号进行分类的指标依据。只有打上正确的标签，视频才能被较为精准地推荐给对应的用户，这样可以大大增加视频的播放量。比如在标签中加上“美食”，那么就有可能被推荐给想要观看美食的用户，反之则失去了推荐的机会，导致播放量降低。

二、品牌传播

加大视频作品在各个平台的投放，根据目标受众的特征进行精准传播。利用各种渠道，如社交媒体、自媒体平台、线上线下活动等，传播品牌，提高知名度。与其他品牌、创作者合作，扩大品牌影响力。强化品牌口碑管理，关注用户评价和反馈，及时调整品牌策略，以满足市场需求。积极与消费者互动，倾听他们的声音，将他们的需求融入产品和服务中，形成良好的口碑效应。

三、品牌维护

提升品牌的美誉度，保持高质量视频内容输出，增强节目的公益性特征，可以考虑参加公益性活动或联合创作，品牌形象不能受到损害。要重视品牌保护，对盗版视频、诋毁视频品牌的行为要予以制止。树立视频的品牌意识，加强视频品牌的知识产权保护，尽早注册商标、专利和著作权等，防范竞争对手抄袭、搬运视频的侵权行为。

四、品牌延伸

基于现有视频品牌，拓展相关业务，如直播互动、创作周边产品、举行线下活动、游戏竞赛、拍摄电影等，实现品牌价值最大化。

通过以上措施，实现数字视频从制作到发布、运营、变现的全流程管理，助力创作者和企业在竞争激烈的数字视频市场中脱颖而出。

参考文献

[1] 华天印象. 剪映电脑版 +Premiere 视频剪辑从入门到精通 [M]. 北京：清华大学出版社，2022.

[2] 苏亚平，陈慧谊. 影视导演学基础 [M]. 北京：高等教育出版社，2021.

[3] 刘林沙，陈锋. 影视编导与制作 [M]. 北京：中国林业出版社，2019.

[4] 吴航行，李华. 短视频编辑与制作 [M]. 北京：人民邮电出版社，2019.

[5] 王心语. 影视导演基础. 3 版 [M]. 北京：中国传媒大学出版社，2018.

[6] 王润兰. 数字影视编导与制作 [M]. 北京：高等教育出版社，2017.

[7] 陈勤，佟忠生. 微电影教程 [M]. 北京：人民邮电出版社，2017.

[8] 袁金戈，劳光辉. 影视视听语言 [M]. 北京：北京大学出版社，2017.

[9] 陈立强. 电视编导实用教程 [M]. 北京：中国传媒大学出版社，2012.

[10] 聂欣如. 影视剪辑. 2 版 [M]. 上海：复旦大学出版社，2012.

[11] 詹妮弗 · 范茜秋. 电影化叙事——电影人必须了解的 100 个有力的电影手法 [M]. 王旭峰，译. 桂林：广西师范大学出版社，2009.

[12] 傅正义. 影视剪辑编辑艺术 [M]. 北京：中国传媒大学出版社，2007.